本专著由成都师范学院科研项目资助出版，
项目名称：《四川湿地公园植物应用分析与评价》，资助编号：CS23XSZZ03

四川湿地公园
植物应用分析与评价

叶美金 / 著

四川大学出版社
SICHUAN UNIVERSITY PRESS

图书在版编目（CIP）数据

四川湿地公园植物应用分析与评价 / 叶美金著. —
成都：四川大学出版社，2024.4
（资源与环境研究丛书）
ISBN 978-7-5690-6476-6

Ⅰ．①四… Ⅱ．①叶… Ⅲ．①沼泽化地－国家公园－
植物－研究－四川 Ⅳ．① Q948.527.1

中国国家版本馆 CIP 数据核字（2023）第 215449 号

书　　名：四川湿地公园植物应用分析与评价
　　　　　Sichuan Shidi Gongyuan Zhiwu Yingyong Fenxi yu Pingjia
著　　者：叶美金
丛 书 名：资源与环境研究丛书

丛书策划：庞国伟　蒋　玙
选题策划：胡晓燕　王　睿
责任编辑：胡晓燕
责任校对：蒋　玙
装帧设计：墨创文化
责任印制：王　炜

出版发行：四川大学出版社有限责任公司
　　　　　地址：成都市一环路南一段 24 号（610065）
　　　　　电话：（028）85408311（发行部）、85400276（总编室）
　　　　　电子邮箱：scupress@vip.163.com
　　　　　网址：https://press.scu.edu.cn
印前制作：四川胜翔数码印务设计有限公司
印刷装订：四川省平轩印务有限公司

成品尺寸：170mm×240mm
印　　张：10.125
字　　数：189 千字

版　　次：2024 年 4 月　第 1 版
印　　次：2024 年 4 月　第 1 次印刷
定　　价：68.00 元

扫码获取数字资源

四川大学出版社
微信公众号

前　言

　　湿地指天然或人工、泥炭地或水域地带、长久或暂时性的沼泽地，静止或流动的淡水、半咸水、咸水水体，同时处于低潮时分时水深小于 6 米的相关水域，也包括湿地周边的河滨与海岸地带、岛屿或湿地之中的低潮阶段、水深高于 6 米的海域地带。湿地公园是以具有显著或特殊生态、文化、美学和生物多样性价值的湿地景观为主体，具有一定规模和范围，以保护湿地生态系统完整性、维护湿地生态过程和生态服务功能，并在此基础上充分发挥湿地的多种功能效益、开展湿地合理利用，供公众浏览、休闲或进行科学、文化和教育活动的特定湿地区域。城市湿地在维护城市生态系统平衡、改善城市生态环境、提供休闲游憩及保护生物多样性等方面拥有不可替代的作用，湿地公园可以净化空气、保护水源、调节当地气候和保护生物多样性，是城市生态系统中不可缺少的部分。但伴随城市化进程的加快以及人为活动对城市生态系统影响的日渐加剧，城市中湿地规模逐渐缩减，湿地结构及景观功能不断改变，有效保护和合理利用城市湿地成为各国研究的重点。

　　党的十八大以来，以习近平同志为核心的党中央高度重视湿地保护和修复工作，把湿地保护作为生态文明建设的重要内容，作出一系列强化保护修复、加强制度建设的决策部署。党的二十大报告对生态文明建设作出新部署，提出站在人与自然和谐共生的高度谋划发展，开启湿地保护高质量发展新篇章。

　　四川号称"千河之省"，湿地资源丰富。四川湿地资源在全国具有重要的战略地位，是长江、黄河上游重要水源涵养地和补给区，对长江、黄河中下游地区的经济、社会可持续发展具有重要价值，对保证我国西部生态安全、水安全具有战略意义。四川坚持"全面保护、科学修复、合理利用、持续发展"的原则，不断加强实施生态系统保护与修复，现有湿地 123.08 万公顷，居全国第 6 位。现已建立湿地自然保护区 32 个，湿地公园 55 个，国际重要湿地 2 处，国家重要湿地 2 处，省重要湿地 7 处，湿地分类分级管理体系基本建立。

　　本书基于成都师范学院化学与生命科学学院生物科学教研室国家级一流课

程"植物资源应用与实践"课程组的教研实践,选择四川的代表性湿地公园,开展针对四川湿地公园的湿地植物应用调查。本书系统梳理了湿地、湿地公园与湿地植物等知识点,按照先理论后实践进行编排,是调研成果的汇集,也为助力湿地公园的可持续发展,今后湿地公园的规划、建设与管理提供建议和方向,为湿地植物景观的设计实践提供参考与借鉴。本书可作为湿地、生物、生态、环境、水资源等科学领域的科研与教学人员的参考用书,也可作为上述专业本科生、研究生的教学与科研参考用书。

本书主要特色:内容新颖、丰富,且可读性强。当前国内湿地保护修复工作正大力推进,但关于湿地公园湿地植物调查研究的书籍较少,具体到四川湿地资源与建设、四川湿地公园调查实践研究的书籍更少,因此,本书在内容上具有新颖性。本书先是对湿地有关基础知识进行介绍,而后选择四川具有代表性的湿地公园调研湿地植物应用情况,结合大量实景图片,详细分析了湿地公园的现状,逻辑清晰、内容丰富,各章节既相对独立又联系紧密,可为有关部门进行湿地管理与建设,相关院校开展教学和科研工作提供参考与借鉴。

本书在撰写过程中得到了成都师范学院化学与生命科学学院生物科学教研室领导和相关教师的大力支持,在此表示感谢。同时感谢生物科学专业学生程远杨、陈杰、董中林等在实地调查、数据统计与写作过程中的辛苦付出。本书在编写过程中参考了关于湿地、植物、景观等方面的权威书籍和大量著作、案例资料,在此向这些作者致以诚挚的谢意!囿于编者的知识、经验,书中疏漏和不妥之处在所难免,敬请使用本书的师生、读者和同行专家提出宝贵意见,并发至邮箱 091048@cdnu.edu.cn,以便再版时修订完善。

著　者

2023 年 10 月

目　　录

第1章　湿地与湿地公园概述

1.1　背景概述

湿地与森林、海洋并称全球三大生态系统，在世界各地分布广泛。湿地是水陆两种生态系统之间的过渡性地带，是两个界面相互延伸扩展的重要空间区域，是水陆共同作用形成的一种独特的生态系统，"水陆过渡性"是湿地的特征。湿地被称为"自然之肾"，具有许多重要的功能，例如涵养补偿水源、调节气候、防洪蓄水、保护生态平衡等。除此以外，湿地还蕴含着丰富的生物资源，是人类赖以生存和发展的基础。湿地不仅可以为当地提供自然资源，还能提供更加多样化的城市生态性服务。

然而，社会经济的快速发展和城市化进程的加快，一定程度上改变了人与大自然和谐相处的关系，导致湿地资源遭受严重破坏。这些问题主要由大量人类活动引起，人类活动改变了湿地原有的状态，使得湿地环境逐渐破碎化、湿地生物多样性下降速度加快，湿地水资源受到严重污染。长期以来，对湿地重要性认识的缺乏导致湿地资源遭受破坏、生物多样性逐渐丧失、湿地功能不断减退，引发了严重的生态环境问题。因此，加强对湿地资源的有效保护与恢复以及对湿地的合理利用，已成为全球关注的问题。

1971年2月2日，在伊朗的拉姆萨尔，来自18个国家的代表共同签署了自然保护公约《关于特别是作为水禽栖息地的国际重要湿地公约》（以下简称《湿地公约》）。《湿地公约》致力于通过国际合作实现全球湿地保护与合理利用，是当今具有较大影响力的多边环境公约之一。为了纪念这一创举，并提高公众的湿地保护意识，1996年《湿地公约》常务委员会第19次会议决定，从1997年起，将每年的2月2日定为世界湿地日。我国于1992年加入《湿地公约》，自此以后，我国的湿地相关工作也从开发转换为保护，经历了摸清家底夯实基础、抢救性保护、全面保护三个阶段。

2000年发布的《中国湿地保护行动计划》，为湿地资源的可持续发展指明了方向。2013年施行的《湿地保护管理规定》是我国第一个国家层面关于湿地保护的法律文件，具有里程碑意义。2016年底，《湿地保护修复制度方案》公布，湿地保护工作越来越受到重视。四川高度重视湿地保护相关工作，积极响应国家相关政策，陆续出台《四川省湿地保护"十三五"实施规划（2016—2020年）》《四川省湿地保护修复制度实施方案》《四川省"十四五"自然资源保护和利用规划》，提出增强全省湿地生态系统的自然性、完整性和稳定性，在全省建成湿地保护和修复体系、科普宣教体系和监测评估体系；有序推进森林公园、湿地公园、地质公园等各类自然公园建设，有效保护珍贵自然景观资源、地质地貌、古树名木，及其所承载的自然资源、生态功能和文化价值；强调划定全面保护与恢复湿地，启动湿地保护与修复重点工程，强化可持续利用示范，强化保护能力建设四项重点任务。

党的十八大以来，以习近平同志为核心的党中央高度重视湿地保护修复工作，将其作为生态文明建设的重要内容，作出一系列决策部署，推动我国湿地保护修复取得历史性成就，发生历史性变革。党的二十大报告对生态文明建设作出新部署，提出站在人与自然和谐共生的高度谋划发展，开启湿地保护高质量发展新篇章。

在习近平总书记的生态文明思想指引下，我国大力推进生态文明建设，加强湿地保护修复，构建保护制度体系。2022年6月1日，《中华人民共和国湿地保护法》正式施行，这是我国首部专门保护湿地的法律，标志着我国湿地保护进入法治化发展新阶段。2022年10月，国家林业和草原局、自然资源部联合印发了《全国湿地保护规划（2022—2030年）》，有助于实现我国湿地保护中长期目标、推动湿地保护高质量发展、提高湿地生态功能和碳汇能力，对推进建设生态文明、美丽中国和人与自然和谐共生的现代化具有重要意义。随着我国湿地管理办法的日趋完善，国内各类湿地公园规划与建设有了理论指导和参考依据。

"十三五"期间，我国新增湿地面积300多万亩，国际重要湿地15处，国家重要湿地29处，湿地保护率达到50％以上。目前，我国除了有《中华人民共和国湿地保护法》，还有28个省份开展的省级湿地立法。同时，按照湿地生态区位、生态系统功能和生物多样性的重要性，国家林业和草原局还对湿地实行分级管理，初步建立起以国际重要湿地、国家重要湿地、湿地自然保护区、国家湿地公园为主体的全国湿地保护体系。截至2023年，我国湿地面积达到5635万公顷，已指定国际重要湿地64处、国家重要湿地29处、省级重要湿地 1021 处，设立国家湿地公园 901 处。《湿地公约》认定的全球 43 个国际湿地城市中，我国占 13 个，是全球入选国际湿地城市数量最多的国家。我国湿地主要分布在青海、西藏、内蒙古、黑龙江、新疆、四川、甘肃等 7 个省（自治区），占全国湿地的 88%。

我国加入《湿地公约》三十余年来，大力推进湿地保护修复，湿地生态状况持续改善，为全球湿地保护和合理利用作出了重要贡献。站在新的历史起点，湿地保护开启新的征程。党的二十大报告明确指出，必须牢固树立和践行绿水青山就是金山银山的理念，站在人与自然和谐共生的高度谋划发展，推行草原森林河流湖泊湿地休养生息。湿地保护是其中的重要内容。

四川号称"千河之省"，湿地资源丰富。四川现有湿地 123.08 万公顷，位居全国第 6 位。现已建立湿地自然保护区 32 个，湿地公园 55 个，国际重要湿地 2 处，国家重要湿地 2 处，省重要湿地 7 处，湿地分类分级管理体系基本建立。今后，四川将继续坚持"全面保护、科学修复、合理利用、持续发展"的原则，不断加强实施生态系统保护与修复，提高湿地生态系统服务功能；全面加强国家湿地公园管理，提升管理能力水平，推动国家湿地公园高质量发展。四川湿地资源在全国具有重要的战略地位，是长江、黄河上游重要水源涵养地和补给区，对我国长江、黄河中下游地区的经济、社会可持续发展具有重要价值，对保证我国西部生态安全、水安全具有战略意义。

1.2　湿地

湿地是比较复杂的生态系统，具有资源供给、调节径流、调节气候、防止土壤侵蚀、蓄洪防旱、降低污染、美化环境以及维护生物多样性等至关重要的作用。它们存在于陆生生态系统与水生生态系统之间，是这两个生态系统之间的过渡。同时，湿地生态系统具备这两种生态系统的特点，即其不受陆生生态系统与水生生态系统的影响，在内部独自完成循环。

正是因为湿地生态系统在陆地和水域之间没有具体的分界线，所以对湿地的定义在不同学科中存在分歧。从生态学角度，湿地是介于陆生生态系统与水生生态系统之间的过渡地带，并兼有两类系统的某些特征，其地表为浅水覆盖或者其水位在地表附近变化；从资源学的角度，凡是具有生态价值的水域（只要其上覆水体水深不超过 6 米）都可视为湿地，不管它是天然的还是人工的，永久的还是暂时的；从动力地貌学的角度，湿地是区别于其他地貌系统（如河流地貌系统、海湾、湖泊等水体)的具有不断起伏水位的、水流缓慢的潜水地貌系统。当前,在国际领域中,权威性较强、被引用次数较多的概念来自《湿地公约》,湿地是指天然或人工、泥炭地或水域地带、长久或暂时性的沼泽地,静止或流动的淡水、半咸水、咸水水体,同时处于低潮时分时水深小于 6 米的相关水域,也包括湿地周边的河滨与海岸地带、岛屿或湿地之中的低潮阶段、水深高于 6 米的海域地带。

湿地不仅是我们人类重要的生存环境,也是动植物的乐园,具有丰富的生物多样性。湿地资源既包含水资源,又包含土资源,可以产生巨大的生态效益、经济效益、社会效益等。但由于近年来人们缺乏对湿地资源的合理开发利用,湿地资源被破坏,面积逐步减少。因此,对湿地资源的保护亟须得到足够重视。

1.2.1 湿地的分类

湿地的分类方法有很多种,由于地区不同、学科不同等,存在明显差异。《湿地公约》将湿地分为两大类,即天然湿地和人工湿地;中国林业科学研究院湿地研究所将中国湿地分为五种类型,即沼泽湿地、滨海湿地、湖泊湿地、河流湿地、人工湿地。据统计,我国湿地总面积为 5635 万公顷,约占国土总面积的 6%,其中沼泽湿地有 2173.29 万公顷,滨海湿地有 579.59 万公顷,湖泊湿地有 859.38 万公顷,河流湿地有 1055.21 万公顷,即自然湿地面积为 4667.47 万公顷,其余人工湿地面积为 674.59 万公顷(见表 1-1)。其中常见的沼泽湿地有草本沼泽、沼泽化草甸、灌丛沼泽、森林沼泽等,湖泊湿地包含永久性、季节性淡水湖和咸水湖;常见的滨海湿地有红树林沼泽、三角洲湿地、浅海水域等(见表 1-2)。

表 1-1　我国各类湿地面积

湿地类型		占地面积(万公顷)
自然湿地	沼泽湿地	2173.29
	滨海湿地	579.59
	湖泊湿地	859.38
	河流湿地	1055.21
人工湿地		674.59

注:表格引自湿地保护频道(http://www.shidicn.com/)。

表 1-2　我国湿地具体分类

湿地类型	具体体现	介绍
沼泽湿地	藓类沼泽	以藓类植物为主，盖度为 100% 的泥潭沼泽
	草本沼泽	植被盖度≥30%，以草本植物为主的沼泽
	沼泽化草甸	包括分布在平原地区的沼泽化草甸以及高山和高原地区具有高寒性质的沼泽化草甸、冻原池塘、融雪形成的临时水域
	灌丛沼泽	植被盖度≥30%，以灌木为主的沼泽
	森林沼泽	有明显主干，高于 6 米，郁闭度≥0.2 的木本植物群落沼泽
	内陆盐沼	分布于我国北方干旱和半干旱地区的盐沼。由一年生和多年生盐生植物群落组成，水含盐量达 0.6% 以上，植物盖度≥30%
	地热湿地	由温泉水补给的沼泽湿地
	淡水泉或绿洲湿地	
滨海湿地	浅海水域	低潮时水深不超过 6 米的永久水域，植被盖度<30%，包括海湾、海峡
	潮下水生层	海洋低潮线以下，植被盖度≥30%，包括海草层、海洋草地
	珊瑚礁	由珊瑚聚集生长而成的湿地，包括珊瑚岛及其有珊瑚生长的海域
	岩石性海岸	底部基质 75% 以上是岩石，植被盖度<30% 的硬质海岸，包括岩石性沿海岛屿、海岩峭壁
	潮间沙石海滩	潮间植被盖度<30%，底质以沙、砾石为主
	潮间淤泥海滩	植被盖度<30%，底质以淤泥为主
	潮间盐水沼泽	植被盖度≥30% 的盐沼
	红树林沼泽	以红树植物群落为主的潮间沼泽
	海岸型咸水湖	海岸带范围内的咸水湖泊
	海岸型淡水湖	海岸带范围内的淡水湖泊
	河口水域	从近口段的潮区界（潮差为零）至口外海滨段的淡水舌锋缘之间的永久性水域
	三角洲湿地	河口区由沙岛、沙洲、沙嘴等发育而成的低冲积平原
湖泊湿地	永久性淡水湖	常年积水的海岸带范围以外的淡水湖泊
	季节性淡水湖	季节性或临时性的洪泛平原湖
	永久性咸水湖	常年积水的咸水湖
	季节性咸水湖	季节性或临时性积水的咸水湖

湿地类型	具体体现	介绍
河流湿地	永久性河流	不仅包括河床，同时也包括河流中面积小于 100 公顷的水库（塘）
		季节性或间歇性河流
	洪泛平原湿地	河水泛滥淹没（以多年平均洪水位为准）的河流两岸地势平坦地区，包括河滩、泛滥的河谷、季节性泛滥的草地
人工湿地	水产池塘	包括鱼、虾养殖池塘等
	灌溉地	包括灌溉渠系和稻田等
	水塘	包括农用池塘、储水池塘等，一般面积小于 8 公顷
	农用泛洪湿地	季节性泛滥的农用地，包括集约管理或放牧的草地
	盐田	包括晒盐池、采盐场等
	蓄水区	由水库、拦河坝、堤坝形成的一般大于 8 公顷的储水区
	采掘区	积水取土坑、采矿地
	运河、排水渠	输水渠系
	底下输水系统	人工管护的熔岩洞穴水系等

注：表格引自李玫莹的论文《基于生物多样性的湿地植物景观设计应用研究——以南滇池国家湿地公园为例》（昆明：云南艺术学院，2022）。

全国湿地面积及比例如图 1－1 所示。

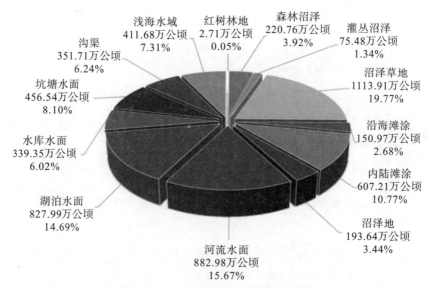

图 1－1　全国湿地面积及比例示意图

注：本图引自《全国湿地保护规划（2022—2030 年）》。

1.2.2 湿地的功能

湿地与森林、海洋并称地球三大生态系统,与人类的生存、繁衍、发展息息相关,是自然界最富生物多样性的生态景观和人类最重要的生存环境之一。它不仅能为人类的生产、生活提供多种资源,而且具有巨大的环境功能和效益,与其他系统相比,在抵御洪水、调节径流、蓄洪防旱、控制污染、调节气候、控制土壤侵蚀、促淤造陆、美化环境等方面有着不可替代的作用,被誉为"地球之肾""物种基因库"。湿地的主要功能有以下几个:

(1)许多珍贵、稀有植物的生长地。湿地上生长着许多兰科植物,仅欧洲的湿地上就生长着 15 种兰花。更为有趣的是,湿地上还生长着许多食肉植物,它们用富有黏性的叶子或特别发达的捕捉器捕捉昆虫作为食料,能够在其他植物无法生长、十分贫瘠的湿地上生长。如果这些食肉植物的天然生境遭到破坏,它们也可能随之消失。此外,许多独特的植被只能在湿地上生长。许多湿地植物的独特性不仅在于它们品种稀少,而且在于它们有很高的天然生产力。

世界上越来越多的植物遭到破坏,面临绝种的威胁,而许多濒危植物只有在湿地上才能找到。据调查,在比利时 306 种稀有、脆弱和濒危的植物中有 97 种属于湿地植物,在英国 303 种濒危植物中有 61 种是湿地植物,在荷兰 440 种濒危植物中有 124 种生长在湿地上。

作为一个生态环境良好的区域,湿地内的动植物类型和数量都比较丰富,是各类野生动物的栖息地、多种植物的生长场所,让各类物种获得了适合生存与繁衍的空间。在动植物物种丰富性与多样性保护方面,湿地十分重要,其是动植物重要的遗传基因库,对动植物的繁衍和物种进步起到了促进和推动作用。

(2)野生动物的栖息地。由于湿地上覆盖着茂密的植被、生长着许多生产力很高的植物,加之有充足的水,所以成了许多野生动物特别是水禽的良好栖息地,养育着种类繁多的野生动物。许多无脊椎动物都生长在湿地里。不少两栖动物需要在湿地里产卵,其幼虫和成虫都以湿地为栖息地。很多爬行动物的生活离不开湿地,如海龟需要在海滩上刨坑产蛋,孵出幼龟。一些哺乳动物要在湿地里度过一生,如海豹、水獭、河狸和水栖鼠类一生都栖息于池塘和河流,从中捕食昆虫、蠕虫、水蛭、蛇类、软体动物和小鱼。

此外,湿地还是鸟类的乐园,是许多稀有和濒危动物的避难所。聚集在湿地上的鸟类数量比海洋上的鸟类数量多100倍。每年秋季，会有约300万只鸟聚集在欧洲的一块湿地上。雨季过后，会有约400种、200万只鸟聚集在荷兰16000公顷的朱贾国家鸟类保护区，那里不仅是本地鸟聚集最多的地方，还是大量迁徙鸟最好的临时栖息地，其中许多是稀有濒危鸟类。在欧洲31种濒危程度最大的鸟类中，有18种依赖湿地生存。美国35％的稀有和濒危动物物种以湿地为栖息地，或依靠湿地生存。

（3）蓄水防洪防旱。因能贮水蓄水而得名的湿地，对其周围的水位起着调节作用。另外，湿地还在防洪防旱、保持水土方面起着重要的作用。湿地上的河岸可以蓄积降雨高峰时的多余雨水，从而防止洪水造成的损害和避免旱灾。沼泽、河流、小溪等湿地向外流出的淡水限制了海水的回灌，沿岸植被也有助于防止潮水流入河流。但是如果过多抽取或排干湿地，破坏植被，淡水流量就会减少，海水可大量入侵河流，导致人们生活、工农业生产及生态系统的淡水供应量减少。

（4）净化水。湿地的水生植物、浮游生物以及微生物等可以通过吸收分解、物理过滤以及化学合成等方式降解进入其中的污染物与污水所包含的有毒物质，将其转化成无毒无害的各类物质，防止通过湿地流经下游水域时形成更多有害物质。基于此，湿地拥有"地球之肾"的美誉。据估计，生长在荷兰一片18万公顷湿地上的贻贝，它们的鳃每天不停地过滤着这片湿地里的天然水，每两年时间就能将这片水域中的有机废物清除干净。

（5）为人类提供食物。湿地是养鱼的良好基地。据估计，世界渔业中有2/3的鱼来自湿地。美国的海岸湿地产鱼量占美国商业养鱼场产鱼量的60％～90％，是鱼类产卵和培育鱼苗的主要基地。非洲内陆湿地出产的鱼、虾等水产品是当地人最重要的动物蛋白质来源。东南亚约60％的商品鱼类和虾以湿地为繁殖、养育或取食地。墨西哥海湾约9/10的商业性渔业依靠河口和盐沼作为养殖场。马里北部尼日尔河三角洲的湿地维持着当地1万户人家的生活。在马来西亚马唐地区，仅海边红树林区的渔业生产每年就创值3000万美元。印度的沿海湿地生长着可供食用的30种海草。中国湖北省仙桃市越舟湖渔场利用湿地水域生态经济结构功能，发展鱼、猪、蚌、林、果、珍珠相结合的综合渔业，年产成鱼53万公斤，年创产值190万元。湿地上生产的大米、蔬菜和水果等，都是当地人们赖以生存的重要食物。

（6）贮存着丰富的地表水和地下水，常作为居民生活用水、工业生产用水和农业灌溉用水的水源。溪流、河流、池塘、湖泊中都有可以直接利用的水。

其他湿地，如泥炭沼泽森林可以作为浅水水井的水源。我们平时所用的水有很多是从地下开采出来的，而湿地可以为地下蓄水层补充水源。从湿地到蓄水层的水可以成为地下水系统的一部分，又可以为周围地区的工农生产提供水源。如果湿地受到破坏或消失，就无法为地下蓄水层供水，地下水资源就会减少。

（7）提供能源和其他林产品。湿地森林能为人们提供大量的木材、烧柴、药材和其他林产品。茂密的芦苇是湿地的一大特产，为造纸等工业提供良好的原料。马来西亚马唐地区的红树林，在每 30 年轮伐期内每公顷可为当地创造8250～12500 美元的经济收益。印度尼西亚的沼泽森林能为当地提供 100 多种产品。中国湖北省仙桃市越舟湖渔场在湿地上生产沼气用于发电，为人们的生产生活提供能源。

（8）提供饲料和肥料。湿地上茂盛的青草和树叶是大自然馈赠的天然饲料。湿地里丰富的小鱼、小虾和小虫是家禽的最佳饲料。辽阔的草地是很好的牧场。在湿地上养猪、养牛、养马，不仅产肉，而且湿地里的污泥和泥炭都是极好的肥料。

（9）提供良好的休闲旅游地。湿地往往风景优美，方便人们休闲娱乐。湿地上的奇花异草、珍禽异兽、明湖清流、平坦的海滩、如茵的绿草、茂密的森林和静谧的沼泽等自然景色，是人们游憩娱乐的好地方，为人们开展正当合理的钓鱼和狩猎活动、观赏动物、欣赏大自然等提供了良好的条件。

（10）具有重要的文化和科学价值。复杂的湿地生态系统、丰富的动植物群落、珍贵的濒危物种等在自然科学教研活动中都十分重要。有些湿地还保留了具有宝贵历史价值的文化遗址，是历史文化研究的重要场所。湿地上良好的自然生态系统和丰富的生物物种是宝贵的自然资源，为植物学、动物学、生态学、水文学、土壤学和考古学等学科的教学和科学研究提供了良好的天然课堂和研究基地。

1.3　湿地公园

早期，我国对湿地建设缺乏经验，认识比较片面，导致我国的湿地建设忽略了湿地本身的生态效益，总体呈现先开发破坏、后保护修复的特点。如今在湿地建设上，我国通过设立动植物自然保护区与湿地公园，将重点转向生态修复及生态保护方面。当下我国的湿地保护管理体系：一是各级湿地自然区，二是重要湿地名录，三是湿地公园。

湿地公园既不是传统意义上的公园，也不是自然的湿地保护区，而是一种既具有需要保护的生态资源的区域，又具有传统公园部分的功能空间，里面生长着很多依赖湿地生态环境的重要野生动植物。并且，湿地公园在稳定大气、调节水文、给人们提供生活物质资源方面起着重要的作用。国家林业和草原局对湿地公园的定义为：在保护湿地内部生态系统健康循环的基础上，对湿地内的生态系统资源进行合理运用，内部拥有可以向人们宣传、保护湿地的区域，同时可以监测湿地情况和发展生态旅游等活动地区。湿地公园内以湿地为主，有着跟自然景观很接近的生态系统。

湿地作为一个包含诸多要素的复杂生态系统，是人类不可或缺的重要生态资源。湿地公园能够充分将生态保护、生态旅游与环境教育相融合，达成生态效益、社会效益与经济效益的统一，是当前中国湿地保护体系的重要组成部分。《"十三五"生态环境保护规划》提出，应在加强生态环境保护的基础上，合理开发利用生态资源，并提高生态环境质量。湿地公园是湿地保护与利用的重要方式，是兼具湿地生态保护及资源可持续利用的有机体，并具有提高人们生态保护意识、普及湿地知识及深化湿地科学研究等功能，现已作为湿地保护体系的重要组成部分得到迅速发展。

根据主管部门，我国形成了两种湿地公园：一种是隶属于中国林业部门并由其管理，介于湿地自然保护区与传统公园之间，提倡"在保护中利用，在利用中保护"，目的是保护湿地生态系统及合理利用湿地资源，并进行湿地恢复、科研监测、教育、宣传、生态旅游等活动的特定区域；另一种是隶属于国家住房与城市建设部的城市湿地公园，其是具有湿地典型特征及生态功能，并纳入城市绿地系统规划，以科普教育、休闲游憩及生态保护为主的公园。本书提到的湿地公园两者皆有。党的二十大报告指出，要提升生态系统多样性、稳定性、持续性，推行草原森林河流湖泊湿地休养生息，湿地保护是很重要的。近年来，我国正大力推进生态文明建设，湿地公园的建设发展逐步受到重视并成为社会关注的热点。湿地公园作为保护湿地资源最直接的一种形式，其不断建设发展体现了人们对湿地保护及湿地资源合理利用的实践与探索。

1.3.1 湿地公园的特点

湿地公园是以显著或特殊生态、文化、美学和生物多样性价值的湿地景观为主体，具有一定规模和范围，以保护湿地生态系统完整性、维护湿地生态过程和生态服务功能，并在此基础上以充分发挥湿地的多种功能效益、开展湿地合理利用为宗旨，供公众浏览、休闲或进行科学、文化和教育活动的特定湿地区域。

湿地公园主要有以下几个特点：

（1）资源类型多样性、特异性及保护性。以四川为例，据调查，四川现有湿地脊椎动物 5 纲 25 目 59 科 495 种，其中国家一级重点保护野生动物 9 种（黑颈鹤、东方白鹤、黑鹤、中华鲟等）、国家二级重点保护野生动物 27 种。现有湿地高等植物 113 科 376 属 1008 种，其中国家一级重点保护野生植物 3 种（高寒水韭等）、国家二级重点保护野生植物 2 种。因四川特有的地理地貌及气候，形成的湿地类型多样，既有大量自然孕育的湿地，也有许多人工开凿的湿地。四川的湿地公园有着较完备的生态系统，极其丰富的生物多样性和物种资源。其中，自然湿地包括沼泽、河流、湖泊。气候、地形地貌、水文不同，湿地所呈现的景观种类也不同，因此基于不同地区、不同地形、不同气候条件可以建成不同特色的城市湿地公园。水域到陆地的自然生态系统过渡区域的景观梯度变化丰富，有包括沉水植物、浮叶植物、陆生植物的丰富植物群落。此外，湿地公园还养育了种类丰富的鸟类、底栖动物。四川湿地公园不仅对生物资源有一定的保护性，而且也形成了竖向变化的特色景观。

（2）生态系统不完整。一方面，城市景观生态系统受人为干预因素影响较大，生物多样性较弱。其中，植物多为人为配置的常见种类，种类较少、数量不多，功能比较单一，缺乏对外来物种入侵的抵御机制。另一方面，城市发展过程中交通网络日益发达，许多土地被开发利用，造成自然景观支离破碎，这种破坏切断了自然的生态进程，使物种多样性程度大为下降，增加了城市湿地公园生态系统的不稳定性，为外来物种的入侵和暴发提供了条件。

（3）脆弱性。湿地周边大多是几千年来形成的择水而居、农耕放牧之地，人口密度大，受人类活动影响大。随着人口的增长、经济活动的加剧，与水争地的现象愈发严重，其环境脆弱性便会体现出来。湿地公园多位于城市周边，附近大多建有工厂、企业，加上园内游客或经营户产生的生活垃圾与污染物，必然对湿地公园的土质、水源等造成影响；此外，在湿地公园建设过程中，部分开发商为了提高公园的经济效益、吸引游客，会设计大面积草坪，或引入一些新奇植被与动物，或大力建造娱乐设施等，这种行为也会加重城市湿地公园生态环境的脆弱性。

1.3.2　湿地公园的功能

有别于城市公园和自然保护区，湿地公园既能发挥生态保护、物种保护的功能，还能达到科普教育、提供生态旅游地的目的。湿地公园主要包含以下几个功能：

（1）物质生产：湿地内的生物多样性极其丰富，其中包括生物、自然等资源，这些资源对于人类的生存发展等有着重要的意义。

（2）改善环境：湿地内动植物与微生物之间相互作用，可以有效降解污染物。湿地中的大部分水生植物都具有净化水质的功能，因此科学合理地搭配水生植物，可以达到净化水质的效果。

（3）调节气候：湿地内的植物可以通过光合作用和呼吸作用降低周围环境的温度，从而达到调节小范围气候的效果。

（4）调蓄洪水：作为"地球之肾"的湿地，可以储存因降雨而产生的过多水量，调节水流，防止城市出现洪涝灾害。

（5）保护生物多样性：湿地与其他区域相比较，拥有复杂多变的生态系统及环境，同时也含有大量的动植物种类，为鸟类、虫鱼等提供了良好的栖息地。此外，湿地对一些珍稀鸟类栖息地的建设也有重要意义。

（6）作为科普宣教基地：科研工作者可以利用湿地中丰富的动植物资源开展科研工作，学校、社会机构可以利用湿地中丰富的动植物为学生提供一个学习湿地动植物知识的平台，等等。

（7）提供休闲娱乐场所：湿地中有各种各样的观赏性植物，各种植物相互搭配构成了多姿多彩的湿地植物景观。此外，湿地中鸟类、鱼类等动物资源极其丰富，这些丰富的生物资源为人们提供了一个亲近大自然、与大自然面对面接触的休闲娱乐场所。

（8）环境康养：湿地具有丰富的自然景观，气候条件宜人，动植物资源极其丰富，自然美景一年四季变换不停。这样的环境有助于舒缓人们工作和生活上的压力。因此，湿地在一定程度上可起到康养的作用。

1.4　湿地植物

湿地植物是组成湿地的主要成分之一。广义的湿地植物意为分布在湿原、沼泽地或浅水领域内的全部植被，狭义的湿地植物是指分布于土地湿润、地表有浅水层或者水陆交接区域内的所有植被。在分类上，可依据不同标准进行划分。依据植物的生活型，湿地植物可以分为草本类、灌木类、乔木类三种。湿地植物的生长环境可被归为三个类别，分别是湿生、沼生和水生。湿地植物也可被分为湿生植物、沼生植物、水生植物三种。

湿生植物指生长在过度潮湿地点的植物，其有两种生存环境：一种是土壤中充满水分，光照条件充足的生境条件。这类湿生植物称为阳性湿生植物，像水体附近生长的苔草等就属于此类。代表植物有水稻、灯芯草、半边莲、毛茛等。它们根系不发达，有与茎叶相连的通气组织，以保证根部获得氧气。叶片有角质层等防止水分蒸腾的结构。阳性湿生植物抗涝性很强，但抗旱力极弱。另一种是土壤足够湿润，空气中充满水分的生境条件，这种情况下光照条件通常不好，其间生长的植物称为阴性湿生植物，如热带、亚热带充满水汽的阴暗森林中生长的一些植物就属于此类。阴性湿生植物生长在阴湿的森林下层，如附生蕨类植物、附生兰科植物、海芋等。它们的根系不发达，叶片薄而柔软，海绵组织发达，栅栏组织和机械组织不发达，防止水分蒸腾、调节水平衡能力差。阳性湿生植物和阴性湿生植物为了适应环境，有各自与环境相适应的结构，但也有一些相似的结构，如叶子大而薄、光滑、角质层很薄，根系通常不发达、位于土壤表层，并且分枝很少，细胞渗透压不高。

沼生植物也称沼泽植物，是生长于水边湿地或浅水的高等植物，多数为多年生植物。沼生植物的生活环境、适应性及形态属于水中植物和陆上植物的中间型，随着水分条件的变化而变化。沼生植物有通气组织和呼吸根，能在缺乏氧气的沼泽中生长。有的沼泽植物具有旱生结构，如叶片常绿、革质、有绒毛等，这样可以防止水分过分蒸腾，也是对强酸性基质的适应。沼泽中还有营动物性营养的捕虫植物，它们可以利用叶片上的腺体消化动物的蛋白质，以获取营养。例如，我国的茅膏菜和猪笼草、北美的瓶子草和捕蝇草，南美火地岛的茅膏菜和捕虫堇均属于此类。

水生植物根据生活类型，一般被分为挺水植物、浮叶植物、沉水植物和漂浮植物四类。挺水植物是指根部生于泥中，茎叶挺出水面的植物。这类植物通常高大挺拔、色泽艳丽，绝大多数的植株有茎、叶之分，植株基部或下部沉于水中，根或地茎扎入泥中生长发育，上部则挺出水面，直立挺拔。常见种类有荷花、再力花、水葱、菖蒲、香蒲、茭白、芦苇、蒲苇、千屈菜等。浮叶植物是指根部生于泥中，只有叶片浮在水面的植物。这类植物通常根状茎发达，花大艳丽，无明显的茎或茎细弱不能直立，体内通常储藏有大量的气体，使叶片甚至植株能够平衡地漂浮在水面上。常见种类有睡莲、王莲、芡实等。漂浮植物是指根不生于泥中,整个植株体或漂浮于水面之上,或部分悬浮于水中,可以随风浪四处漂泊的植物。这类植物多数不耐寒,以观叶为主,可为池水提供绿荫和装饰。它们既能吸收水中的矿物质,又能遮蔽照射到水面的阳光,所以能够抑制水藻的生长。常见种类有浮萍、凤眼莲、水鳖、满江红等。沉水植物是指整个植株全部没入水中,或仅有少量的种类在花期将花部及少许叶尖露出水面的植物。这类植物根茎生于泥中,株体通气组织特别发达,有利于在空气极度缺乏的水中进行气体交换,此外还能够在白天制造氧气,有利于平衡水中的化学成分,促进鱼类的生长。类型多以观叶植物为主,大多花小、花期短,叶多为狭长形或丝状,植株各部分均能吸收水中的养分,在水下弱光的条件下也能正常生长发育。常见类型有金鱼藻、水毛茛、水藓、竹叶眼子菜、苦草等。

在实际应用中常把湿地植物与水生植物并列,一般把湿生植物作为相较挺水植物更耐旱的一类水生植物。实际上,水生植物的四类划分主要依据的是植物的光合器官与水位和基质的关系,而湿生植物从语义上看是能够生长于湿地生境中的植物,与这四类的划分基础不一致。为避免混乱,如果把湿地植物等同于水生植物,那水生植物就包含湿生、挺水、浮叶、沉水、漂浮这五类。

在湿生和挺水这两类植物间做出区分,从生理过程考虑有可能提供一个相对科学的划分。从目前湿地植物的大多数应用场景看,这两类植物具备了从相对水生到旱生生境的适应能力,因此采用以下标准对这两类植物进行划分:在生长于湿地生境的植物中,主要种群在生活史过程中普遍出现耐旱生理过程甚至耐旱结构的植物可以称为湿生植物,不出现耐旱生理过程或者耐旱生理过程不能支持植物完成正常生活史过程的植物可以称为挺水植物。

湿地植物是湿地系统的核心组成部分,作为食物链的基层,是许多动物的食物来源,也是为动物提供栖息和繁殖的场所。湿地植物在生态环境中相互竞争、相互依存,构成了多姿多彩、类型丰富的湿地王国。湿地植物是构成湿地的基本要素,它作为湿地系统的主要组分之一,具有强大的净化作用,可以直接吸收利用污水中的营养物质,富集污水中重金属等有毒、有害物质,输送氧气到根区,为根区微生物的生长、繁殖和降解反应提供氧,增强和维持介质的水力传输能力。

1.5 国内外研究现状

1.5.1 国外湿地公园研究进展

自 1970 年以来，湿地面积呈现全球性的消失与退化现象，一些发达国家开始关注湿地生态景观的保护与恢复。在湿地保护政策方面，1971 年的《湿地公约》成为国际上最为权威的一项涉及湿地保护的条例。1982 年第一届国际湿地会议在印度正式召开，湿地生态系统相关概念、生态系统健康恢复、湿地的生态保护与修复、湿地净化功能、湿地演化规律、湿地动态监测模拟等研究逐步成为国际关注的焦点。21 世纪初，一套有关湿地生态可持续、物种栖息地修复等方面的理论体系已经初步形成。发达国家对湿地研究较早，范围更广。美国与澳大利亚进行的人工湿地构建实验、佛罗里达湿地恢复与重建研究等均获得了重要成果，湿地科学研究开始蓬勃发展。

国外专家学者从不同视角对湿地公园进行了多元化研究，主要包括湿地公园的建设理念、建设方式和建设方向这三个方面。在湿地公园的建设理念方面，发达国家多重视在原有基础上的恢复和重建，以自然环境保护为核心，将湿地公园的科普教育和生态旅游列为次要功能，实现湿地生态文明保护建设，实现充分发挥经济效益和社会效益的目标。例如，澳大利亚纽卡斯尔肖特兰湿地公园和美国切萨皮克湾国家湿地公园以自然资源保护和治理为主，法国苏塞湿地公园和日本葛西临海公园以湿地恢复和展示为主，美国奥兰基塔河湿地公园和波特兰雨水花园以湿地功能利用和研究为主。由此可以看出，国外湿地公园的建设观念仍以湿地资源保护为主。

在湿地公园的建设模式方面，发达国家主要研究湿地公园的绿色生态系统，力求通过湿地公园的建设形成完整的绿色生态系统，以实现湿地公园的生态性、自然性和可持续发展，实现湿地公园的经济价值，促进当地生态保护，形成双赢局面。例如，喀斯特维奇、巴蒂斯特及拉维内等（2009）对湿地公园的生态系统健康、水文特征和生态系统服务等内容进行了研究；英国学者（2012）运用单位评价的方法，提出了不同层次的湿地健康评价强度体系；纳维尔、布森、米勒等认为生态系统指数能够在一定程度上反映生态系统的组成结构和功能现状；英国学者（2013）通过对相关生态指标的检测，对生态系统的环境状况进行定量评估；李利特等（2014）应用数学模型建立了生态系统的数值动态模型，对主要城市的生态系统服务价值进行评估，认为湿地的经济价值应处于湿地总体价值的顶端。

20世纪60年代，奥姆斯特德因地制宜，对河流因势利导，恢复河流原有的自由走向，对滩涂和湿地进行重建，建造了举世闻名的波士顿带状公园，这也标志着湿地景观研究正式开始。吉尔特（2014）对荷兰湿地中的森林沼泽湿地景观进行改造，提高了湿地森林沼泽景观质量。唐纳德（2013）发表了关于整合湿地景观计划的论文，建议在不破坏湿地生态系统的前提下，合理规划和建设湿地景观，将湿地科普教育和湿地生态与湿地景观进行有机结合。进入21世纪，国外学者对湿地景观开展了深入研究，塞尔比等（2017）通过对景观多样性的测量和数据分析，研究了天然草原湿地的植物多样性和外来入侵种。布洛克（2003）从湿地美学的角度对澳大利亚的湿地植物和湿地植物景观展开深入研究，提出了湿地植物配置模型。坎贝尔等（1999）解释了湿地建设中的作用，并介绍了北美湿地的不同类型、湿地的性质与功能、湿地植物不同类型和景观价值。汤普森（2007）比较了俄亥俄州几处湿地的植物多样性和生物量，对湿地植物景观多样性的状况进行了评估。波特（2011）应用景观生态学原理，在实地调查的基础上对湿地植物景观多样性做了研究。克里斯多夫等（2002）调查了物种的存在度、盖度和丰富度，采用层次划分、排序、物种积累曲线和通径分析等方法，对群落结构格局和环境梯度的相对重要性进行了评价。金贝尔等（2003）对8个新建或修复湿地的植物群落进行了采样，以确定多种尺度下的植物多样性驱动因素。总结国外湿地植物景观研究成果发现，国外对湿地植物景观的分析和研究多围绕湿地植物多样性、湿地植物种类、湿地植物群落和景观多样性展开，突出湿地景观的生态价值和景观价值。

国外众多专家学者结合湿地公园的资源环境，对湿地公园的规划提出了全新的科学理论，也对湿地公园的可持续发展提出了建议。专家学者普遍认为，在未来，湿地公园的建设必须与可持续发展理念相结合，在逐步恢复和重建湿地资源的基础上，更好地发展湿地公园。

1.5.2　国内湿地公园研究进展

我国湿地公园的概念起源于湿地公园生态旅游，其所具有的宣传教育功能以及休闲旅游价值受到重视。学者对湿地公园概念的界定存在差异，导致湿地公园概念泛化，缺乏标准。2010年，国家林业局颁布了《国家湿地公园总体规划导则》，将湿地公园定义为以保护湿地生态系统、合理利用湿地资源为主要建设目的，并开展湿地生态保护与恢复、宣传教育、科研监测、生态旅游等活动的特定区域。该文件指出，湿地公园以保护优先为主，兼顾科学恢复、合理利用及持续发展。但当时湿地公园建设仍以生态保护为主，对科普宣教及科研监测功能重视不足。随着对湿地公园建设的不断摸索与探究，2018年出台的《湿地公园总体规划导则》中就所管辖的湿地公园给出定义，明确表示湿地公园以保护湿地生态系统为主，兼顾合理利用、科普教育与科研监测等功能。国家对湿地公园功能定位的转变体现出当前湿地公园建设的主要方向已出现根本性变化，生态旅游不再是未来湿地公园发展的重点，湿地公园对社会的宣教作用及其自身所具有的科研价值成为诸多学者及管理者研究和建设的焦点。

有关湿地公园的专著，主要有：赵思毅和侍菲菲（2006）撰写的《湿地概念与湿地公园设计》主要对湿地的基本概念、分类、功能作用等进行解析，对2006年我国湿地公园湿地保护情况与未来发展趋势进行研究与展望，对比分析湿地公园与普通城市公园的差异并探讨湿地公园的设计、营造方法等；王浩等（2008）撰写的《城市湿地公园规划》主要对城市湿地公园的概念性及分类进行阐述与探讨，对当前城市湿地资源的保护现状及存在矛盾进行深入分析，并结合案例，对城市湿地公园的营造方法及开发模式进行探讨；但新球和吴后建（2009）撰写的《湿地公园建设理论与实践》引入"文化设计理念"，在多年实践的基础上对建设湿地公园的实践经验和理论体系进行深入的总结与升华；成玉宁等（2012）撰写的《湿地公园设计》提出，随着湿地公园建设的不断发展，其规划设计不再单纯考虑本地资源条件，湿地公园周围的交通环境、空间形态等都会对其建设产生不同程度的影响；张玉钧和刘国强（2013）撰写的《湿地公园规划方法与案例分析》主要对湿地公园的旅游资源、投资与效益、环境影响等诸多方面进行阐述、评价，同时对不同湿地公园类型进行案例解析；但新球等（2014）撰写的《湿地公园规划设计》主要阐述我国国家湿地公园建设过程中需要考虑实施的各类详细计划、工程计划等，对湿地公园建设与管理具有十分重要的指导意义。这些专著偏重于湿地公园规划设计，表明我国湿地公园研究尚处于起步阶段，研究内容尚需深入挖掘。

国内有关湿地公园研究的文献可梳理为两个阶段：2003—2005年间，国内对湿地公园的研究主要集中在基础理论研究、规划设计探讨、公园内部生态旅游、建设与管理和景观，研究的深度较浅，角度较单一。2006年后，随着国内湿地公园建设的快速发展，研究主题及视角逐步增加，呈百花齐放的状态，以湿地公园景观、保护与恢复、评价与评估、生物多样性等为主。随着对湿地公园认识的不断深入，笔者整理近期发表文献发现，国内学者较多通过案例研究对湿地公园的生态系统健康发展及其影响因素、湿地恢复、景观健康、建设成效评价等方面进行探索。研究视角从过去的单一维度向经济、社会、环境三个维度的综合视角转变。吴后建等（2014）运用层次分析法，从生态保护成效、社会成效、经济成效、基本建设成效和可持续性成效五个方面建立国家湿地公园建设成效指标体系，以湖南千龙湖国家湿地公园为例对其建设成效进行初步评价；朱颖等（2017）运用生态恢复原理，从环境质量、物种多样性、景观格局和社会服务四个方面科学评估了太湖国家湿地公园生态恢复成效。另有不少学者从植被完整性、鸟类栖息地保护、微生物完整性、社会功能等方面对湿地公园的健康状况进行了评价。这些研究多关注湿地公园要素与湿地公园健康间的关系，并为湿地公园健康评价提供新的方法途径。但湿地公园的生态、经济、社会等系统并非各自独立发展，以各系统为主体构建的评价指标体系，多忽略了系统间的关联性。国家湿地公园质量建设不仅需要考虑湿地生态系统健康、湿地景观的丰富性，还必须重视湿地的社会服务效能，即生态环境与社会服务两个方面不仅是湿地公园重要的组成部分，同时两者相辅相成，如此才能更好地推动湿地公园的高质量建设发展。

当前，我国对湿地公园研究的深入使得湿地公园建设从单一片面化、过度开发湿地资源逐步向多元化、注重湿地资源保护过渡。已有研究表明，仅考虑单一因素的评价模式不利于当前湿地公园多学科交叉互融的建设发展，评价指标的选取将侧重于体现湿地公园生态系统、社会服务之间的协调可持续发展状况。基于此，本书通过对湿地公园的调查与研究，以期在湿地环境保护与资源合理开发利用之间获得平衡，为推进湿地公园的长远可持续发展提供可操作性的理论依据及科学的实践技术指导，这对未来国家继续推进湿地公园建设与科学管理具有重要意义。

湿地公园是一个包含诸多层面的复杂综合体，随着人们对湿地公园系统结构、功能作用的明确，我国对湿地公园的评价逐渐从单因素的生态系统评价向多因素、多目标、多层次的方向发展，从仅注重湿地公园生态环境质量发展逐步转向注重湿地公园整体质量的提高，强调湿地公园自然环境与社会服务功能的协调发展。

总之，随着研究内容的不断深化、跨学科研究方法的交叉融合，湿地公园评价已从过去对单一系统的简单评价发展成为多方法、多元素相结合的复杂评价。为使评价结果更加合理、客观，评价方式也逐步从过去的纯定性评价向定量、定性相结合转变。除此之外，随着地理信息可视化技术的发展，各类新型空间分析方法的出现，国家对湿地公园建设要求的规范化、制度化，国家湿地公园相关评价研究向着模型构建标准化、指标选取定量化的方向发展。

第2章　四川湿地资源及建设概况

2.1　四川具备湿地公园建设条件的湿地资源

四川位于中国西南腹地,地处长江上游,介于东经 $97°21'\sim108°33'$ 和北纬 $26°03'\sim34°19'$ 之间,与7个省(区、市)接壤,东邻重庆,北连青海、甘肃、陕西,南接云南、贵州,西衔西藏,是西南、西北和中部地区的重要结合部,是承接华南、华中,连接西南、西北,沟通中亚、南亚、东南亚的重要交汇点和交通走廊。在我国以"两屏一带"为主体的生态安全战略格局中,四川占据"两屏一带"——青藏高原生态屏障、川滇生态屏障和南方丘陵地带的重要生态战略地位。四川为"千河之省",境内有流域面积100平方千米及以上的河流1368条,大小湖泊1000余个。

四川处于中国大陆地势三大阶梯中第一级青藏高原和第二级长江中下游平原的过渡带,作为中华民族两大母亲河——长江、黄河上游重要的水源涵养地和补给区,地跨青藏高原、横断山脉、云贵高原、秦巴山地和四川盆地五大地貌单元,地处长江、黄河上游生态屏障,境内海拔落差达7000余米。四川丰富的生态资源是生物多样性的宝库,未来气候变化的晴雨表。

四川湿地多样的自然地理环境孕育了丰富的生物多样性,当地物种及生态系统丰度位居全国第二,是中国乃至世界的珍贵物种基因库。从地理格局分布上看,在四川各类型湿地中,沼泽和湖泊面积最大,多分布于川西的中山和高山地带,河流多分布在长江中上游地区,而库塘多分布在中部、东部平原区和丘陵区。四川湿地是维护我国淡水、物种等生态安全的重要战略基地,在全国湿地生态系统功能中有着不可替代的作用。

四川湿地中的动植物资源十分丰富。据野外调查与文献记载,四川有水鸟类166种、两栖类105种、水栖爬行类14种、兽类5种、鱼类224种。属国家重点保护野生动物的有94种,其中国家一级重点保护野生动物18种,国家二级重点保护野生动物76种。普雄原鲱、四川温泉蛇为四川特有物种,若尔盖湿地是世界唯一高原鹤类——黑颈鹤东部种群的重要繁殖地，白尾海雕是川西高山高原湿地的常客。湿地高等植物中，属国家重点保护野生植物的有 18 种，其中国家一级重点保护野生植物 1 种（即高寒水韭），国家二级重点保护野生植物 17 种。这些植物都具有重要的生态价值，部分物种如莼菜、海菜花、细果野菱兼具食用价值和观赏价值。

四川湿地资源丰富多彩。四川湿地的形成与演化在复杂的地理格局及多样的自然环境影响下，孕育了众多的湿地类型。根据《湿地公约》对湿地类型的划分，全省共有 4 个湿地类型，占全国湿地总数的 80%。据第三次全国国土调查，四川现有"湿地"地类 123.08 万公顷，居全国第 6 位。其中，森林沼泽 0.005 万公顷，灌丛沼泽 8.79 万公顷，沼泽草地 91.28 万公顷，内陆滩涂 6.26 万公顷，沼泽地 16.75 万公顷。此外，四川还有 99.42 万公顷的"水域"地类，其具有显著的生态功能，属于《湿地保护法》管理范畴。四川依法将生态系统典型和生态功能突出的湿地纳入自然保护区和自然公园。截至 2024 年，全省建立各级湿地类型自然保护区 32 个，其中国家级自然保护区 4 处；建立湿地公园 55 处，其中国家湿地公园（含试点）29 处，省级湿地公园 26 处；有国际重要湿地 3 处、省重要湿地 7 处，基本建成湿地保护网络体系，初步实现湿地分级管理。2022 年 4 月，国家林业和草原局函复同意川甘两省共同开展若尔盖国家公园创建工作，目前仍在积极推进中。此外，四川省已启动修订《四川省湿地保护条例》立法调研。

党的十八大以来，习近平总书记多次在考察中强调湿地的重要性。《中华人民共和国湿地保护法》的正式施行标志着我国湿地保护事业迈入法制化轨道。2022 年 11 月，习近平主席以视频方式出席了在武汉举行的《湿地公约》第十四届缔约方大会开幕式，并发表题为《珍爱湿地　守护未来　推进湿地保护全球行动》的致辞，深刻阐释了共同推进湿地保护的中国主张，郑重宣布了推进湿地保护事业高质量发展的中国举措，引发热烈反响。习近平总书记的重要论述为湿地保护管理工作指明了方向，提出了要求。

近年来，四川不断强化湿地保护与恢复治理，已在湿地自然保护区和湿地公园开展湿地保护与恢复项目 100 余个，用于重要湿地保护修复和能力提升。自 2018 年以来，全省启动重要湿地保护修复工程，通过填堵排水沟、提升水位等措施，优先修复若尔盖、长沙贡玛、海子山等湿地区域的退化湿地。其中，若尔盖湿地建成微型拦水坝 152 座，小型拦水坝 6 座，保护和恢复退化湿地 6400 公顷；理塘海子山和石渠长沙贡玛湿地已治理冲蚀沟 22 千米，建成小型拦水坝 2 座和微型拦水坝 104 座，保护和恢复湿地植被 7224.02 公顷。上述工程项目的实施，遏制了局部区域湿地退化的势头，提升了湿地生态系统功能，维护了区域的生态平衡。与此同时，四川科学谋划并组织实施四川黄河上游若尔盖草原湿地山水林田湖草沙冰一体化保护和修复工程，对提升四川黄河上游区域生态系统质量和稳定性、维护生态安全、稳定经济增长、增进民生福祉、完善国家公园建设，具有重要的促进作用。

2.2　四川湿地公园建设发展机遇

"十三五"期间，财政投入不足是湿地保护工作的短板之一。相较于森林生态系统，我国湿地生态系统保护与修复起步较晚，基础设施欠账较多，投入远低于森林生态系统。

我国加入《湿地公约》三十余年来大力推进湿地保护修复，湿地生态状况持续改善，为全球湿地保护和合理利用做出了重要贡献。这主要体现在以下五个方面：

一是湿地保护法规制度体系日趋完备。2021 年，我国出台了《中华人民共和国湿地保护法》，28 个省（区、市）陆续出台了湿地保护法规，国家和省级层面制定了《湿地保护修复制度方案》和实施方案，确立了湿地保护管理顶层设计的"四梁八柱"。

二是保护管理体系初步建立。我国指定了 64 处国际重要湿地，建立了602 处湿地自然保护区、1600 余处湿地公园和为数众多的湿地保护小区，湿地保护率达 52.65%。

三是工程规划体系日益完善。根据《全国湿地保护工程规划（2022—2030年）》，我国陆续实施了三个五年期实施规划，中央政府累计投入 198 亿元，实施了 4100 多个工程项目，带动地方共同开展湿地生态保护修复。

四是调查监测体系初步形成。我国是全球首个完成三次全国湿地资源调查的国家，第三次全国国土调查正式将湿地列为一级地类；各地建立了湿地调查监测野外台站、实时监控和信息管理平台，并逐步纳入国家林草感知系统，通过高新技术实现监测监管一体化。

五是对外履约不断深化。"十三五"期间，新增国际重要湿地 15 处，新增国家重要湿地 29 处，国际重要湿地总数达 64 处；新增国家湿地公园 201 处，国家湿地公园总数达 899 处，湿地保护和退化湿地恢复的面积不断扩大，湿地生态系统功能得到有效恢复。

党的十八大以来，以习近平同志为核心的党中央高度重视湿地保护和修复工作，把湿地保护作为生态文明建设的重要内容，作出一系列强化保护修复、加强制度建设的决策部署。《全国湿地保护规划（2022—2030 年）》立足新的发展阶段，完整、准确、全面贯彻新发展理念，构建新发展格局，推动高质量发展，四川湿地保护面临新的发展机遇。

首先，习近平生态文明思想为湿地保护提供了科学指引。习近平总书记站在中华民族永续发展的战略高度，作出了一系列关于湿地保护修复的重要指示批示和论述，为四川湿地保护工作提供了根本遵循和行动指南。

其次，《中华人民共和国湿地保护法》为湿地保护高质量发展提供了法治保障。作为湿地保护领域的第一部法律，《中华人民共和国湿地保护法》确立了"保护优先、严格管理、系统治理、科学修复、合理利用"的原则，填补了我国生态系统立法空白，夯实了湿地保护管理的法律基础。

再次，人民群众对优美生态环境的期待和支持为湿地保护提供了有利条件。湿地惠民、湿地利民、湿地为民，有效提供更多更丰富的优质湿地生态产品，让湿地成为人民群众共享的绿色空间，不断满足人民日益增长的优美生态环境需要。

最后，履行《湿地公约》，彰显大国担当，对湿地保护提出了更高要求。积极履行国际义务，提升湿地生态系统固碳能力，助力我国实现碳达峰、碳中和目标。宣传推广湿地保护的中国智慧和中国方案，彰显中国推进构建人类命运共同体的良好国际形象。

国家湿地公园有关的政策法规在日益完善，经费投入也在逐步加大。四川湿地资源丰富，基于这个发展契机，近年来四川保护湿地力度加大、湿地景区建设步骤加快。加上游客对于生态旅游的偏爱等因素的推动，四川湿地景观在生态旅游中占据的地位越来越重要。例如，邛海、若尔盖湿地公园在国内外都有一定知名度，如果进一步建设成四川湿地公园品牌，打造成四川的一个重要名片，可以更好地提升四川湿地的影响力和形象。

2.3　四川湿地资源保护面临的挑战及湿地公园建设意义

《全国湿地保护规划（2022—2030 年）》中，依据国土空间规划，按照"三区四带"国家生态保护修复格局，统筹全国湿地分布特征和保护现状，布局湿地保护修复任务。四川属于三区之一的长江重点生态区，长江是我国水资源最为丰富的河流，大小支流 7000 余条，区域内湿地资源较为丰富，约占全国湿地总面积的五分之一。当前存在的主要问题有：长江中下游湖泊、湿地萎缩，洞庭湖、鄱阳湖枯水期显著提前、枯水位明显下降，经济社会发展与湿地保护矛盾较为突出，湿地资源过度利用，水生生物生境受到胁迫，外来物种入侵呈增加趋势，湿地生态功能减弱，水污染比较严重。

规划中提出，以推动亚热带湿地生态系统综合整治和自然恢复为主攻方向，协调上下游、左右岸关系，实施长江干流及重要支流湿地生态系统保护修复，加强湿地生态系统整体性保护，加强珍稀濒危物种栖息地保护，增强河湖水系连通，增强湿地水源涵养和水土保持功能，加快打造长江绿色生态廊道。

具体到四川，湿地资源保护面临的挑战主要有以下八个：

（1）湿地沙化严重，河流湿地面积减少。近几十年来，随着土地沙化的加剧，湿地也逐渐受到影响。

（2）草地面积减少、退化，侵蚀草原沼泽湿地。根据文献资料，草地面积减少、草地沙化退化，直接侵蚀减少了草原沼泽湿地，呈现沼泽—半沼泽—草甸—草原—荒漠的趋势。

（3）全球气候逐渐变暖，自然环境不断恶化。四川高温干旱等极端天气气候事件也可能会更加频繁，使得当地的湿地系统日益退化，面积不断减小，严重威胁到整个生态系统。

（4）土壤理化性质恶化。土壤理化性质恶化是自然和人为综合作用的结果，一般与气候条件、水质、水化类型、矿物质、氧化钙含量分解度以及人类活动的强烈冲击有关。

（5）泥沙淤积。湿地地处地势相对低洼处，能接纳不同方位的来水，但也有部分是由于一些人为因素，造成了大量泥土流入各级湿地。

（6）我国湿地保护法还不够完善。我国湿地保护法制起步较晚，发展较快，但是国家层面的湿地立法长期缺失，湿地保护长效机制也未建立。

（7）水体污染导致湿地生态功能锐减。水体污染对于湿地植被的干扰会给湿地周边环境带来不利影响。

（8）人类的不合理活动导致湿地受到破坏。在过去人们还没有树立起良好的可持续发展意识的阶段，对自然资源的过度掠夺超过了自然环境的承受能力，致使湿地系统被破坏，不能够发挥正常的生态系统功能。人类的破坏行为主要分为三种：第一种是过度放牧。盲目地开发利用致使很多湿地植物不能有规律地完成生活史,湿地植物多样性丧失,破坏了湿地生态系统的良性循环。第二种是农业灌溉、过度围垦等农业活动。由于年降水量的日益降低,农业中的灌溉用水需求量增大,造成湿地系统水位的持续降低。第三种是人类城市化进程的加快和加重。随着社会经济的飞速发展,城市不断扩张,一些生活废水可能会被排进湿地,严重污染湿地系统。

湿地是生产能力和生物多样性最为丰富的生态系统,是四川特别重要的自然资源。湿地的多样性直接影响着湿地的质量和野生动植物的栖息地,是生物多样性研究的重要组成部分,对保持湿地生态和生态稳定起着重要作用。植物种植丰富度对湿地的植被覆盖率和功能恢复产生了积极的影响。随着四川湿地建设项目越来越多,需要进行有意义的后续研究来评估湿地生态系统随时间的变化。

四川湿地具有涵养水源、净化水质、调蓄洪水、控制土壤侵蚀、补充地下水、美化环境、调节气候、维持碳循环等极为重要的生态功能,而且也是许多珍稀野生动植物赖以生存的基础,在维护生态平衡、保护生物多样性方面有特殊的意义。作为以保护湿地生态环境及其动植物为主要目的的湿地公园,不仅是推进生态文明、建设美丽中国的重要组成部分,也是公民观光与游憩的宜人境域。湿地植物配置是湿地公园植物造景的基本技艺,可以使城市规划艺术得到充分体现。植物的构成不再是对视觉美的单方面追求,而是形成合理的群落结构,改善生态功能,提高城市的环境质量。人们越来越意识到湿地的重要性,愿意更多地接近自然环境。湿地公园作为人们与自然景观接触的载体,其景观多样性亦是值得研究的内容。

四川湿地保护和利用是四川生态建设的重要内容,植物多样性对促进湿地的可持续发展和城市生态环境改善起着重要作用,具有重大的现实意义。

(1)湿地公园可以调节区域气候。公园内的水域以及植物的水分蒸腾作用能使湿地和大气不断进行能量和物质交换,从而保持周围环境的空气湿度,降低周围地区的气温。此外,在城市中建立湿地公园还可以缓解城市的热岛效应。

(2)湿地公园可以净化水质,储蓄水源。湿地能够缓解富营养化,净化后的水能作为动植物生长的重要养分。同时,湿地公园还可以储蓄水源,不仅能储蓄雨水供养动植物的生长、补给地下水,还能存储过多雨水,防止洪涝灾害。

(3)湿地公园能为动植物提供栖息地,保持生物多样性。由于城市化进程的加快，一些动植物生存空间被压缩，而湿地能为它们提供一个优良的生存空间和环境。自然湿地为许多物种保存了基因特性，使许多湿生生物能在不受干扰的情况下生存和繁衍。

（4）提供湿地产品和水运。湿地具有较高的生物生产力，能够持续地向人类提供泥炭、水生植物等资源。

（5）湿地公园能够减缓径流、蓄洪防旱。大部分湿地处于地势低洼地带，是调节洪水的理想场所。

（6）湿地公园建设项目存在良好的经济效益，可以刺激旅游业发展，同时拉动相关产业的发展。

（7）湿地公园可以起到科普教育的作用。在湿地公园里设置植物介绍模块，方便大家了解植物物种，培养对大自然的热爱。同时湿地公园也可以作为科学考察的场所。

2.4　四川湿地公园发展概况

在我国社会与经济稳步发展的背景下，湿地公园建设项目日渐增多、规模逐步扩大，给区域经济社会发展带来了新的契机，区域生态效益明显。四川湿地资源在全国具有重要的战略地位，是长江、黄河上游重要的水源涵养地和补给区，对保证我国西部生态安全、水安全具有重要的战略意义，对我国中东部地区的经济、社会可持续发展具有极其重要的价值。四川以成都市作为政治经济中心，拥有大型湿地公园保护及营造的极佳资源。

四川不断强化湿地保护，于 2017 年印发了《四川省湿地保护修复制度实施方案》，成立了四川省湿地保护专家委员会，争取到中央和省财政补助资金近 3 亿元，在湿地自然保护区和湿地公园开展湿地保护与恢复项目 100 余项，极大地提升了全省湿地保护管理能力，初步形成了湿地保护管理体系，开启了全面保护湿地新阶段。

党的十八大以来，四川以"建设生态文明美丽四川"为工作思路，高度重视湿地保护修复工作，基本建成以重要湿地、自然保护区和湿地公园为主的湿地保护体系。党的二十大提出推进湿地保护高质量发展，四川积极响应党的政策，湿地保护修复和湿地建设工作正在如火如荼地进行。此外，四川有河流、湖泊等水域面积 99.42 万公顷（不含水稻田）。2022 年，四川加强湿地保护修复，完成湿地修复 10.84 万亩（约 7226.67 公顷）。截至 2023 年，四川已建立各级湿地类型自然保护区 32 个，国家级自然保护区 4 处，由林业部门主管的国家级湿地公园 55 个，包含 29 个国家湿地公园（含试点），另有 26 个省级湿地公园。其中，白玉拉龙措国家湿地公园、炉霍鲜水河国家湿地公园于 2023 年通过了国家林草局的试点验收；国际重要湿地 2 处、国家重要湿地 2 处、省级重要湿地 7 处，湿地保护网络体系初步建成，湿地保护率达 57%。截至 2023 年，四川湿地自然保护区名录和湿地公园名录详见表 2-1 和表 2-2。

表 2-1　四川湿地自然保护区名录（截至 2023 年）

序号	名称	级别	市（州）	县（市、区）
1	若尔盖湿地自然保护区	国家级	阿坝州	若尔盖县
2	南莫且湿地自然保护区	国家级	阿坝州	壤塘县
3	海子山湿地自然保护区	国家级	甘孜州	理塘县、稻城县
4	长沙贡玛湿地自然保护区	国家级	甘孜州	石渠县
5	二滩湿地鸟类自然保护区	省级	攀枝花市	盐边
6	亿比措湿地自然保护区	省级	甘孜州	道孚县、康定市、雅江县
7	神仙山湿地自然保护区	省级	甘孜州	雅江县
8	雄龙西湿地自然保护区	省级	甘孜州	新龙县
9	新路海湿地自然保护区	省级	甘孜州	德格县
10	卡莎湖湿地自然保护区	省级	甘孜州	炉霍县、甘孜县
11	曼则唐湿地自然保护区	省级	阿坝州	阿坝县
12	黄龙湿地自然保护区	省级	阿坝州	松潘县
13	龙泉湖湿地自然保护区	省级	成都市	简阳市
14	驷马湿地自然保护区	省级	巴中市	平昌县
15	诺水河湿地自然保护区	省级	巴中市	通江县
16	汉王山东河湿地自然保护区	省级	广元市	旺苍县
17	嘉陵江源湿地自然保护区	市州级	广元市	朝天区
18	西河湿地自然保护区	市州级	广元市	剑阁县
19	乐安湿地自然保护区	市州级	凉山州	布拖县
20	泸沽湖湿地自然保护区	市州级	凉山州	盐源县
21	涪江湿地自然保护区	市州级	遂宁市	射洪县
22	日干乔湿地自然保护区	市州级	阿坝州	红原县

序号	名称	级别	市（州）	县（市、区）
23	喀哈尔乔湿地自然保护区	县级	阿坝州	若尔盖县
24	阿须湿地自然保护区	县级	甘孜州	德格县
25	泥拉坝湿地自然保护区	县级	甘孜州	色达县
26	孜龙河坝湿地自然保护区	县级	甘孜州	道孚县
27	扎嘎神山湿地自然保护区	县级	甘孜州	理塘县
28	构溪河湿地自然保护区	县级	南充市	阆中市
29	鸭子河湿地自然保护区	县级	德阳市	广汉市
30	游仙水禽湿地自然保护区	县级	绵阳市	游仙区
31	三台水禽及湿地自然保护区	县级	绵阳市	三台县
32	弥江河湿地自然保护区	县级	绵阳市	盐亭县

表 2－2　四川湿地公园名录（截至 2023 年）

序号	名称	级别	市（州）	县（市、区）
1	白鹤滩国家湿地公园	国家级	成都市	新津区
2	凤凰湖国家湿地公园	国家级	泸州市	纳溪区
3	三江湖国家湿地公园	国家级	绵阳市	游仙区
4	让水河国家湿地公园	国家级	绵阳市	江油市
5	南河国家湿地公园	国家级	广元市	利州区
6	柏林湖国家湿地公园	国家级	广元市	昭化区
7	观音湖国家湿地公园	国家级	遂宁市	船山区
8	古宇湖国家湿地公园	国家级	内江市	隆昌市
9	大渡河国家湿地公园	国家级	乐山市	沙湾区
10	大瓦山国家湿地公园	国家级	乐山市	金口河区
11	桫椤湖国家湿地公园	国家级	乐山市	犍为县
12	构溪河国家湿地公园	国家级	南充市	阆中市
13	升钟湖国家湿地公园	国家级	南充市	南部县
14	清水湖国家湿地公园	国家级	南充市	营山县
15	相如湖国家湿地公园	国家级	南充市	蓬安县

续表

序号	名称	级别	市（州）	县（市、区）
16	青龙湖国家湿地公园	国家级	南充市	西充县
17	黑龙滩国家湿地公园	国家级	眉山市	仁寿县
18	白云湖国家湿地公园	国家级	广安市	岳池县
19	柏水湖国家湿地公园	国家级	达州市	渠县
20	驷马河国家湿地公园	国家级	巴中市	平昌县
21	多美林卡国家湿地公园	国家级	阿坝州	阿坝县
22	若尔盖国家湿地公园	国家级	阿坝州	若尔盖县
23	嘎曲国家湿地公园	国家级	阿坝州	红原县
24	岷江源国家湿地公园	国家级	阿坝州	松潘县
25	鲜水河国家湿地公园	国家级	甘孜州	炉霍县
26	拉龙措国家湿地公园	国家级	甘孜州	白玉县
27	姊妹湖国家湿地公园	国家级	甘孜州	巴塘县
28	邛海国家湿地公园	国家级	凉山州	西昌市
29	马湖国家湿地公园	国家级	凉山州	雷波县
30	桤木河湿地公园	省级	成都市	崇州市
31	梨仙湖湿地公园	省级	广元市	苍溪县
32	太湖湿地公园	省级	遂宁市	射洪县
33	云台湖湿地公园	省级	宜宾市	南溪区
34	七仙湖湿地公园	省级	宜宾市	高县
35	荷莲湿地公园	省级	宜宾市	翠屏区
36	护安湿地公园	省级	广安市	广安区
37	龙女湖湿地公园	省级	广安市	武胜县
38	百岛湖湿地公园	省级	达州市	大竹县
39	龙潭湿地公园	省级	达州市	大竹县
40	清漪湖湿地公园	省级	雅安市	名山区
41	硗碛湖湿地公园	省级	雅安市	宝兴县
42	措朗沟湿地公园	省级	阿坝州	金川县
43	莲宝叶则湿地公园	省级	阿坝州	阿坝县

序号	名称	级别	市（州）	县（市、区）
44	那溪措湿地公园	省级	甘孜州	雅江县
45	雅砻林卡湿地公园	省级	甘孜州	甘孜县
46	拉日马湿地公园	省级	甘孜州	新龙县
47	玉隆湿地公园	省级	甘孜州	德格县
48	珠姆湿地公园	省级	甘孜州	德格县
49	邓玛湿地公园	省级	甘孜州	石渠县
50	普公坝湿地公园	省级	甘孜州	石渠县
51	色须湿地公园	省级	甘孜州	石渠县
52	扎曲湿地公园	省级	甘孜州	石渠县
53	果根塘湿地公园	省级	甘孜州	色达县
54	无量河湿地公园	省级	甘孜州	理塘县
55	金珠湿地公园	省级	甘孜州	稻城县
56	白鹭湾湿地公园	城市	成都市	锦江区
57	北湖湿地公园	城市	成都市	成华区
58	洛水湿地公园	城市	成都市	龙泉驿区
59	青龙湖湿地公园	城市	成都市	龙泉驿区
60	凤凰湖湿地公园	城市	成都市	青白江区
61	香城湿地公园	城市	成都市	新都区
62	鲁家滩湿地公园	城市	成都市	温江区
63	白河湿地公园	城市	成都市	双流区
64	兴隆湖湿地公园	城市	成都市	双流区
65	鱼凫湿地公园	城市	成都市	彭州市
66	泉水湖湿地公园	城市	成都市	邛崃市
67	南河河滨湿地公园	城市	成都市	邛崃市
68	羊马湿地公园	城市	成都市	崇州市
69	葫芦坝生态湿地公园	城市	成都市	简阳市
70	杨溪谷湿地公园	城市	成都市	金堂县
71	王滩湿地公园	城市	成都市	大邑县

序号	名称	级别	市（州）	县（市、区）
72	沙渠湿地公园	城市	成都市	大邑县
73	卧龙湖湿地公园	城市	自贡市	自流井区
74	西城湿地公园	城市	自贡市	贡井区
75	宜昆河湿地公园	城市	自贡市	大安区
76	双凤滨河湿地公园	城市	自贡市	大安区
77	黄桷堰湿地公园	城市	自贡市	荣县
78	釜溪河湿地公园	城市	自贡市	富顺县
79	水中央湿地公园	城市	攀枝花市	仁和区
80	城南生态湿地公园	城市	攀枝花市	米易县
81	梅溪谷湿地公园	城市	攀枝花市	米易县
82	渔子溪湿地公园	城市	泸州市	江阳区
83	长江生态湿地公园	城市	泸州市	纳溪区
84	老鹰坵湿地公园	城市	泸州市	龙马潭区
85	龙涧溪湿地公园	城市	泸州市	龙马潭区
86	龙湖湿地公园	城市	泸州市	泸县
87	城西湿地公园	城市	泸州市	合江县
88	柳梢堰湿地公园	城市	德阳市	旌阳区
89	旌南湿地公园	城市	德阳市	旌阳区
90	马牧河湿地公园	城市	德阳市	广汉市
91	蚕桑文化湿地公园	城市	德阳市	中江县
92	小枧湿地公园	城市	绵阳市	游仙区
93	竹子溪湿地公园	城市	广元市	利州区
94	南山湿地公园	城市	广元市	利州区
95	九莲洲生态湿地公园	城市	遂宁市	船山区
96	琼江湿地公园	城市	遂宁市	安居区
97	芭茅垭湿地公园	城市	遂宁市	蓬溪县
98	大自然湿地公园	城市	内江市	市中区
99	七家滩湿地公园	城市	内江市	市中区

序号	名称	级别	市（州）	县（市、区）
100	龙凼沟湿地公园	城市	内江市	市中区
101	清溪湿地公园	城市	内江市	东兴区
102	花萼湿地公园	城市	内江市	东兴区
103	小青龙河湿地公园	城市	内江市	东兴区
104	谢家河湿地公园	城市	内江市	东兴区
105	白庙子水库生态湿地公园	城市	内江市	隆昌市
106	龙井生态湿地公园	城市	内江市	隆昌市
107	船石湖湿地公园	城市	内江市	威远县
108	滨江湿地公园	城市	内江市	资中县
109	唐明渡湿地公园	城市	内江市	资中县
110	麻浩河湿地公园	城市	乐山市	市中区
111	东湖湿地公园	城市	乐山市	峨眉山市
112	研溪湿地公园	城市	乐山市	井研县
113	龙腾湖湿地公园	城市	乐山市	夹江县
114	沐川湿地公园	城市	乐山市	沐川县
115	朗池湿地公园	城市	南充市	营山县
116	望龙湖湿地公园	城市	南充市	营山县
117	东坡城市湿地公园	城市	眉山市	东坡区
118	上皂湾湿地公园	城市	眉山市	东坡区
119	毛河湿地公园	城市	眉山市	彭山区
120	龙吟滩湿地公园	城市	眉山市	洪雅县
121	金牛河湿地公园	城市	眉山市	青神县
122	竹里青莲湿地公园	城市	眉山市	青神县
123	汉阳湿地公园	城市	眉山市	青神县
124	金沙江湿地公园	城市	宜宾市	翠屏区
125	鹭湖宫湿地公园	城市	宜宾市	叙州区
126	小坝湿地公园	城市	宜宾市	江安县
127	东溪湿地公园	城市	宜宾市	长宁县

续表

序号	名称	级别	市（州）	县（市、区）
128	金沙海湿地公园	城市	宜宾市	屏山县
129	凉水井湿地公园	城市	广安市	前锋区
130	云谷湿地公园	城市	广安市	华蓥市
131	中滩湿地公园	城市	广安市	武胜县
132	让水湖湿地公园	城市	广安市	邻水县
133	同心湿地公园	城市	广安市	邻水县
134	莲花湖湿地公园	城市	达州市	通川区
135	梨树坪湿地公园	城市	达州市	达川区
136	塔沱湿地公园	城市	达州市	达川区
137	东湖湿地公园	城市	达州市	大竹县
138	百丈湖湿地公园	城市	雅安市	名山区
139	红草坪湿地公园	城市	雅安市	名山区
140	龙湾湖湿地公园	城市	雅安市	天全县
141	慈朗湖湿地公园	城市	雅安市	天全县
142	骆家营湿地公园	城市	雅安市	芦山县
143	阳台河湿地公园	城市	巴中市	恩阳区
144	谭家河湿地公园	城市	巴中市	通江县
145	养生潭湿地公园	城市	巴中市	南江县
146	龙潭溪湿地公园	城市	巴中市	平昌县
147	雁城湿地公园	城市	资阳市	雁江区
148	日干乔湿地公园	城市	阿坝州	红原县
149	贡嘎东湖湿地公园	城市	甘孜州	泸定县
150	九叉树湿地公园	城市	甘孜州	泸定县
151	孜龙湿地公园	城市	甘孜州	道孚县
152	谷克德湿地公园	城市	凉山州	昭觉县
153	月亮湖湿地公园	城市	凉山州	西昌市
154	龙泉湿地公园	城市	凉山州	会理市
155	老街湿地公园	城市	凉山州	会东县

　　四川的国家湿地公园中，若尔盖、长沙贡玛国际重要湿地，西昌邛海、广元南河、绵阳三江湖等一批国家湿地公园尤为突出，为公众提供了开放性、公益性、民生性的优质生态空间，成为宣传生态文明和美丽四川的重要窗口。若尔盖沼泽湿地是全国三大湿地之一，是中国面积最大、泥炭资源最为丰富的高原泥炭沼泽，主要分布在四川的若尔盖县、红原县、阿坝县、松潘县，以及甘肃的玛曲县、碌曲县的部分区域，是黄河上游重要的水源涵养地，为黄河上游提供约30％的水量。九寨沟的108个高山海子串联在一起构成了可谓世界上最具观赏价值的高山湖泊群景观；海子山湿地拥有数量多、密度大、景观独特的高山冰碛湖群；东部盆地江河纵横，沃野千里，造就了富甲一方的天府之国。

　　湿地公园的建设最大限度地恢复了湖泊湿地水域的形貌，自然生态系统得以逐步修复，生物多样性日益丰富，湿地生态功能逐渐展现。目前，四川正在建设践行新发展理念的公园城市示范区，良好的城市湿地公园可以有效调节城市的空气质量、湿度等，并降低城市环境污染程度，同时有效缓解湿地退化的速度。湿地公园保持该区域的自然生态系统并趋近于自然景观状态，维持着系统内部不同动植物种间的生态平衡和种群协调发展，并在尽量不破坏湿地自然栖息地的基础上建设不同类型的辅助设施，将生态保护、生态旅游和生态环境教育功能有机结合起来，实现自然资源的合理开发和生态环境的改善，最终体现人与自然和谐共处。很多湿地公园都加强了人文景观和与之相匹配的旅游设施建设，尽力开发本地资源，成了人们旅游、休闲的好去处。

第3章 四川10个湿地公园 植物应用调查与分析

本章以四川10个湿地公园为例，对其中植物进行调查，调查时间为2022年9月—2023年3月，分秋季、冬季和春季3个季节展开，就其植物应用与配置现状进行探讨研究，旨在为湿地公园的进一步建设提供参考，为其他湿地公园水体景观的植物配置模式和景观评价提供参考。通过路线调查法、植物样方法、访谈法相结合，对10个湿地公园展开实地调查，记录公园内的湿地植物并进行分类研究，探讨植物的应用与配置。10个湿地公园共有58科141属185种植物。其中，被子植物52科134属177种，裸子植物2科3属3种，蕨类植物4科4属5种。以寡种科植物种类为最多。优势科为禾本科和菊科，优势属为鸢尾属、蒿属和蓼属。草本植物种类最多，占86.49%。在185种湿地植物中，湿生植物有109种，水生植物有76种，其中绝大部分为挺水植物。总体来说，湿地公园内应用的植物种类丰富、选择合理，色彩搭配多样、整体性强，与周边环境搭配合理，为其他生物提供了适宜的生存环境；但是也存在一些不足之处，针对不足，提出如下优化建议：城市湿地公园植物要根据水体形式进行配置，增加水生植物的种类及数量，并充分利用美学法则，丰富植物景观层次。除此之外，还要发挥湿地的科教文化功能，力求打造和谐、生态的城市湿地公园景观。

3.1 研究地概况

3.1.1 白鹤滩国家湿地公园

白鹤滩国家湿地公园是成都市唯一一处国家级湿地公园，是AAAA级旅游景区（见图3-1）。湿地公园位于四川省成都市新津区花桥街道，介于东经103°49′51″~103°51′9″，北纬30°22′27″~30°26′9″之间，总面积约为588公顷。

该区域因长期的冲积作用形成了广阔的沙洲、卵石滩和草甸类湿地景观，呈现出典型的河流沙洲复合体形态。湿地类型为永久性河流及洪泛平原湿地。

图 3—1　白鹤滩国家湿地公园

湿地公园被划分为五个不同的功能区，分别为湿地保育区、湿地恢复重建区、科普宣教展示区、合理利用区和综合管理服务区，其中湿地保育区面积占湿地公园总面积的74%。湿地公园地势平坦，属于平原地貌。园内充满野趣、物种丰富、活水连通、水陆交融、独具特色，处处皆是山水田园美景。

3.1.2　桤木河湿地公园

桤木河湿地公园是省级湿地公园，位于四川省成都市崇州市，公园总面积达 336 公顷（见图 3－2）。在这里，桤木河、老河槽、低洼地、鱼塘以及丰富的原始植被共同构成了湿地的主体，其中包括自然永久性河流湿地、库塘湿地、稻田和输水河湿地四种类型。桤木河湿地公园在优化都市现代农业发展、培育乡村旅游产业、完善新型农村社区和产业发展之间的相互关系，构建新型农村综合发展体系等方面发挥了重要作用。公园作为主城区西部的"生态绿肺"，具有强大的生态辐射效应，可推动主城区生态环境改善，促进区域经济发展。在桤木河湿地公园中，一条由碎石铺成的小径蜿蜒曲折，路旁繁花似锦；木质构造的栈桥在回旋中向下延伸，水面上荡漾着涟漪；湖光山色，景色宜人，令人心旷神怡，形成了"水园共享、林田共存、人鸟共鸣"的生态湿地景观。

图 3－2　桤木河湿地公园

图 3-2（续）

3.1.3　柳梢堰湿地公园

位于德阳市旌阳区，占地约 261.33 公顷的柳梢堰湿地公园，是德阳市最大的城市湿地公园（见图 3-3）。公园以"月上柳梢、乐动旌城"为设计主题，以现代简约、自然生态为设计风格，成为市民亲近自然、体验田园风情的重要场所和载体。公园规划了六个主题区域，这些区域不仅涵盖生态、文化、娱乐等多种功能，而且各具特色。作为连接南部城市新区和北部老城区的重要公园景观节点，柳梢堰湿地公园东临龙泉山脉，北承德阳中心老城区，南临亭江新区，同时绵远河从北向南穿过基地，形成了一个独特的自然景观。

图 3-3　柳梢堰湿地公园

图 3－3（续）

3.1.4　东坡城市湿地公园

东坡城市湿地公园是西南地区最大的城市湿地公园之一，位于四川省眉山市城区东坡岛，核心区总面积为 64.27 公顷（见图 3－4）。公园以"东坡水月"为设计主题，规划了生态类、文化类、休闲类共 32 个游憩景点，湖西岸边已经形成可供游览观赏的绿化休闲走廊，互相映衬。东面是岷江，江水滔滔，鹅鸭成群。河堤上长满了郁郁葱葱的树木，翠绿的竹林在微风中轻舞。北面有一块大台地，水清沙白、芦苇成行、水草丰茂、鱼虾出没，一派生机。在东坡湖和岷江的环绕下，再加上东坡邀请月亮的文境，这里宛如一轮明月照耀着整个眉山市。

图 3-4　东坡城市湿地公园

3.1.5　青龙湖湿地公园

青龙湖湿地公园是成都市面积最大的城市湿地公园，位于成都市龙泉驿区，被誉为城市中的绿色肺部（见图 3-5）。园内有自然和人工两种不同层次的湿地景观，植物种类丰富多样。青龙湖湿地公园总占地面积超 666 公顷，湖面面积约 266.67 公顷，是成都环城生态区的"六库八区"之一，拥有森林、湖泊、草甸、湿地、休闲广场、步道、运动场地、智慧设施等，为城市发展提供了全方位的支持。公园拥有三种地貌类型，分别是低山、平坝、浅丘。公园西边是平坝，东边是低山，整个公园高低起伏，错落有致。青龙湖岸边线路蜿蜒曲折，路边景色亦是处处不同，长长的岸线让青龙湖的水域极富特色。

图 3-5　青龙湖湿地公园

图 3-5（续）

3.1.6　兴隆湖湿地公园

兴隆湖湿地公园位于成都市天府新区，是该区重大基础设施项目之一（见图 3-6）。公园总面积达 450 公顷，其中水域面积达 280 公顷。兴隆湖湿地公园围绕水生态为人与自然搭建了沟通的桥梁，是集防洪、生态、景观等多重功能于一体的"天府绿心"。兴隆湖湿地公园立足于"有河有水、有鱼有草、人水和谐"的理念，致力于打造一个生态友好的城市示范区。

图 3-6　兴隆湖湿地公园

图 3-6（续）

3.1.7　白鹭湾湿地公园

　　白鹭湾湿地公园坐落于成都市东南部的锦江环城生态区，是成都市环城生态区的"六库八区"之一，位于城市的中心地带（见图 3-7）。区内地势平坦开阔，湖岸曲折蜿蜒，湖泊星罗棋布，植被繁茂，自然景观优美。公园总面积为 200 公顷，水域面积约 66.67 公顷。该湿地是我国现存最大最完整的鸟类栖息地。白鹭湾湿地以尊重原有地形、地貌、植被为前提，运用丰富的本土物种进行植被修复，从而改善湿地水体质量和整体环境，形成水面湿地。而陡沟河则从其中串联而成，形成了长达 6 公里的水域生态景观。该公园以自然山水作为主题，将自然生态元素融入园林景观，营造出一个独特而美丽的滨湖休闲区。

　　白鹭湾湿地公园的独特之处在于其完整的生态系统和强大的生态功能，这使得它与一般公园的游玩和景观截然不同。其内，生长茂盛的芦苇、香根草、姜花、香蒲等水生植物不仅实现了对水质的生物净化，同时也创造了生态和景观的完美结合，形成了一个层次丰富、水草相依的湿地景观。

图 3-7　白鹭湾湿地公园

3.1.8　凤凰湖湿地公园

凤凰湖湿地公园位于成都市青白江区，以凤凰湖为中心，融合了林、溪、湖三大特色，打造了一个集生态、休闲、观光、度假于一体的开放式城市湿地公园。2022 年 2 月，凤凰湖湿地公园被评为国家 AAAA 级景区（见图 3-8）。

凤凰湖湿地公园一期拥有 53.33 公顷核心区域，其中 20 公顷为主题生态湖泊，呈现出功能齐全、规模宏大的造景效果。凤凰湖的生态湿地为野生动物提供了适宜的栖息和繁衍环境，形成了动植物相互依存的生态系统，完善了生物链，进而显著提高了生态环境质量指数。

图 3—8　凤凰湖湿地公园

3.1.9　鲁家滩湿地公园

鲁家滩湿地公园地处成都市温江区和盛镇境内,面积为120多公顷,水域面积为60多公顷,是温江区唯一一处自然形成的开阔水域(见图3-9)。在这一大片水域中分布着众多湖泊、沼泽等水生生物生境,为鸟类提供了丰富的栖息场所。鲁家滩湿地公园的自然风光如画,湖面波光粼粼,群鸟在水中嬉戏,周围郁郁葱葱,竹木葱茏,静谧而清新。这里既是一个休闲度假胜地,又是一座集自然生态、文化传承、生态旅游为一体的湿地公园,不仅是温江区绿道和天府绿道的重要交汇点,同时也是成都市在推进美丽宜居公园城市建设过程中所选定的一百个公园之一,更是温江区首个划定生态保护红线的区域。

图3-9　鲁家滩湿地公园

图 3-9（续）

3.1.10 白河湿地公园

白河湿地公园是城市湿地公园，位于成都市双流区东升镇西侧，作为成都市绿地系统的重要组成部分，该区域与多个生态保护区紧密相连，共同构成了一个被环绕的生态绿地系统（见图 3-10）。白河湿地公园可谓亚洲最大的城市湿地公园，由南北长达 8 千米、宽 500 米、东西延伸 5 千米、宽 300 米的十字绿化带构成，总面积达 500 公顷，由八个主题功能不同的公园组成，以体育、文化、爱国主义教育为主旋律，其中包括运动公园、中心公园、艺术公园等，还打造了"五湖四海"，堪称国内规模最大的人工湖群。

图 3-10 白河湿地公园

图 3-10（续）

3.2 研究内容与方法

3.2.1 研究内容

本书研究选取四川具有代表性的 10 个湿地公园作为调查对象，对其水质环境、湿地植物种类、植物配置及景观效果进行调查研究。通过对春、秋、冬 3 个不同季节的现场实地调研，结合公园地形图，沿样线踏查记录所见的湿地植物种类、生境、数量、高度、物候期、生活力、主要植物群落，并进行拍照。对有代表性的植物群落，选取样方进行详细调查，以了解湿地公园湿地植物的应用现状。采用目测观察法，从透明度、气味、颜色三个方面对公园的水质进行综合评价。根据调查结果，从科属构成、生活型、物种来源、观赏类型及生态类型等方面对四川湿地公园植物配置现状进行物种组成特征、湿地植物应用情况、景观营造的不足之处进行分析与评价，提出相应的优化改进建议。

3.2.2　研究方法

我国的湿地公园按照主管部门可以分为两类：一类归属于中国林业部门，分为国家级湿地公园和省级湿地公园；另一类归属国家住建部，为城市湿地公园。本书研究充分考虑到湿地公园的级别、知名度、占地面积、地理位置等因素，选择了 10 个具有代表性的湿地公园，包括 1 个国家级湿地公园、1 个省级湿地公园和 8 个城市湿地公园，见表 3－1。

表 3－1　四川 10 个具有代表性的湿地公园

序号	湿地公园名称	所在地区	级别	样方（个）
1	白鹤滩国家湿地公园	成都市新津区	国家级	20
2	桤木河湿地公园	成都市崇州市	省级	18
3	柳梢堰湿地公园	德阳市旌阳区	城市	17
4	东坡城市湿地公园	眉山市东坡区	城市	22
5	青龙湖湿地公园	成都市龙泉驿区	城市	22
6	兴隆湖湿地公园	成都市双流区	城市	18
7	白鹭湾湿地公园	成都市成华区	城市	23
8	凤凰湖湿地公园	成都市青白江区	城市	12
9	鲁家滩湿地公园	成都市温江区	城市	16
10	白河湿地公园	成都市双流区	城市	25

1．调查方法

湿地公园调查时间为 2022 年 9 月—2023 年 3 月，分秋季、冬季和春季 3 个不同季节展开。湿地公园的植物调查方法采用路线调查法和植物样方法两种。整理录入调查数据后，从湿地植物科属构成、生活型、物种来源、观赏类型及生态类型等方面进行物种组成特征分析。

（1）路线调查法。

路线调查法主要利用 10 个湿地公园地图，沿着园内环湖路线进行踏查，详细记录湿地植物的种类、生境、数量、高度、物候期、生活力等内容。对于现场无法准确鉴定的物种进行标本采集等，包括植株的根、茎、叶、花、果实，再查阅相关植物志或图鉴以及请教专家等，确定其种类名称。

（2）植物样方法。

植物样方法是沿样线选取具有代表性的植物群落设置样方。10个湿地公园共设置193个样方（见表3-1）。不同类型植物的样方大小不同，草本植物样方大小为1 m×1 m，灌木样方大小为5 m×5 m，乔木样方大小为10 m×10 m。调查时，详细记录每个样方相关数据，包括调查地点及地名，调查日期，生境，植物种名、科名、数量、高度、物候期、长势等。

2. 景观评价方法

景观评价方法是指实地调研湿地公园，观察并感受湿地公园的景观特色、设施布置、生态环境、植物配置及设计布局等，对湿地公园状况形成直观认识，实地论证湿地公园内的植物景观、景观建筑与小品、公园管理水平与整体环境，并进行拍照与文字记录以收集数据。调查结束后首先将照片及记录资料整理分类，并查阅大量文献，对各个湿地公园植物的应用与配置进行评价分析。接着从每个湿地公园的各样方选取2张照片，由50名被调查者从水质情况、植物多样性、色彩搭配、景观优美度以及对湿地公园整体感受五个维度对湿地公园植物进行评价，评价标准为 * 到*****，其中 * 表示很差，**表示较差，***表示一般，****表示较好，*****表示很好。最后对评价结果进行综合分析，得到较为科学的景观评价分析表。

3.3　湿地公园植物应用现状调查结果与分析

3.3.1　湿地公园植物组成

由表3-2可见，本次调查在四川10个代表性湿地公园共调查到185种湿地植物，隶属于58科140属。其中被子植物种类最丰富，共52科133属177种，分别占科属种总数的89.66%、95.00%、95.68%。其中，双子叶植物36科80属104种，在调查到的植物中所占比重最大，分别占科属种总数的62.07%、57.14%、56.22%；单子叶植物为16科53属73种，种类较为丰富，分别占科属种总数的27.59%、37.86%、39.46%。裸子植物和蕨类植物种类较少，分别为2科3属3种、4科4属5种，种数分别只占总种数的1.62%、2.70%。185种植物中被子植物占的比重最大，其中双子叶植物的种类最为丰富，科属种数量最多，与自然界植物类群中被子植物处于优势地位的现象一致。

表 3－2　湿地公园植物资源分析概况

植物类群		科		属		种	
		科数	比例	属数	比例	种数	比例
被子植物	双子叶植物	36	62.07%	80	57.14%	104	56.22%
	单子叶植物	16	27.59%	53	37.86%	73	39.46%
裸子植物		2	3.45%	3	2.14%	3	1.62%
蕨类植物		4	6.90%	4	2.86%	5	2.70%
合计		58	100%	140	100%	185	100%

10 个湿地公园植物名录见表 3－3。

表 3－3　10 个湿地公园植物名录

序号	科名	属名	中文学名	拉丁学名
1	木贼科	木贼属	木贼	*Equisetum hyemale* L.
2			问荆	*Equisetum arvense* L.
3	水蕨科	水蕨属	水蕨	*Ceratopteris thalictroides* (L.) Brongn.
4	苹科	苹属	苹	*Marsilea quadrifolia*
5	满江红科	满江红属	满江红	*Azolla pinnata* subsp. *asiatica* R.M.K. Saunders & K. Fowler
6	松科	松属	湿地松	*Pinus elliottii* Engelm.
7	杉科	落羽杉属	落羽杉	*Taxodium distichum* (L.) Rich.
8		水杉属	水杉	*Metasequoia glyptostroboides* Hu & W.C.Cheng
9	杨柳科	柳属	垂柳	*Salix babylonica* L.
10			旱柳	*Salix matsudana* Koidz.
11	胡桃科	枫杨属	枫杨	*Pterocarya stenoptera* C.DC.
12	桑科	构属	构树	*Broussonetia papyrifera* (L.) L'Hér. ex Vent.
13		榕属	雅榕	*Ficus concinna* (Miq.) Miq.
14		葎草属	葎草	*Humulus scandens* (Lour.) Merr.
15	荨麻科	水麻属	水麻	*Debregeasia orientalis* C.J.Chen

序号	科名	属名	中文学名	拉丁学名
16	蓼科	蓼属	湿地蓼	*Persicaria paralimicola*（A. J. Li）Bo Li
17			红蓼	*Polygonum orientale* Linn.
18			水蓼	*Persicaria hydropiper*（L.）Spach
19			火炭母	*Polygonum chinense* L.
20		酸模属	酸模	*Rumex acetosa* L.
21			皱叶酸模	*Rumex crispus* L.
22		荞麦属	金荞麦	*Fagopyrum dibotrys*（D. Don）Hara
23		何首乌属	何首乌	*Pleuropterus multiflorus*（Thunb.）Nakai
24		萹蓄属	习见蓼	*Polygonum plebeium* R. Br.
25	苋科	莲子草属	空心莲子草	*Alternanthera philoxeroides*（Mart.）Griseb.
26			莲子草	*Alternanthera Sessilis*（Linn.）DC.
27		牛膝属	土牛膝	*Achyranthes aspera* L.
28	石竹科	繁缕属	繁缕	*Stellaria media*（L.）Cyr.
29		鹅肠菜属	鹅肠菜	*Stellaria aquatica*（L.）Scop.
30		卷耳属	球序卷耳	*Cerastium glomeratum* Thuill.
31	睡莲科	莼菜属	莼菜	*Brasenia schreberi* J. F. Gmel.
32		芡属	芡实	*Euryale ferox* Salisb. ex Konig et Sims
33		萍蓬草属	萍蓬草	*Nuphar pumila*（Timm）DC.
34		莲属	莲	*Nelumbo nucifera* Gaertn.
35		王莲属	王莲	*Victoria amazonica*（Poepp.）Sowerby
36		睡莲属	睡莲	*Nymphaea* L.
37	金鱼藻科	金鱼藻属	金鱼藻	*Ceratophyllum demersum* L.
38	毛茛科	毛茛属	石龙芮	*Ranunculus sceleratus* L.
39			扬子毛茛	*Ranunculus sieboldii* Miq.
40			刺果毛茛	*Ranunculus muricatus* L.

续表

序号	科名	属名	中文学名	拉丁学名
41	樟科	山胡椒属	黑壳楠	*Lindera megaphylla* Hemsl.
42		樟属	香樟	*Cinnamomum camphora*（L.）Presl.
43			阴香	*Cinnamomum burmanni*（Nees & T. Nees）Blume
44	罂粟科	紫堇属	紫堇	*Corydalis edulis* Maxim.
45	十字花科	芸薹属	芸薹	*Brassica rapa* var. *oleifera* DC.
46		碎米荠属	弯曲碎米荠	*Cardamine flexuosa* With.
47	蔷薇科	委陵菜属	朝天委陵菜	*Potentilla supina* L.
48		蛇莓属	蛇莓	*Duchesnea indica*（Andr.）Focke
49		悬钩子属	插田藨	*Rubus coreanus* Miq.
50			覆盆子	*Rubus idaeus* L.
51		石楠属	石楠	*Photinia serratifolia*（Desf.）Kalkman
52		绣线菊属	粉花绣线菊	*Spiraea japonica* L.f.
53	豆科	苜蓿属	天蓝苜蓿	*Medicago lupulina* L.
54			紫苜蓿	*Medicago sativa* L.
55		车轴草属	白车轴草	*Trifolium repens* L.
56		黄耆属	紫云英	*Astragalus sinicus* L.
57		野豌豆属	小巢菜	*Vicia hirsuta*（L.）Gray
58	酢浆草科	酢浆草属	酢浆草	*Oxalis corniculata* L.
59	牻牛儿苗科	老鹳草属	汉荭鱼腥草	*Geranium robertianum* L.
60	大戟科	乌桕属	乌桕	*Triadica sebifera*（Linnaeus）Small
61	葡萄科	乌蔹莓属	乌蔹莓	*Causonis japonica*（Thunb.）Raf.
62	锦葵科	木槿属	木芙蓉	*Hibiscus mutabilis* L.
63			木槿	*Hibiscus syriacus* L.
64	堇菜科	堇菜属	紫花地丁	*Viola phillipina*
65			早开堇菜	*Viola prionantha* Bunge

序号	科名	属名	中文学名	拉丁学名
66	千屈菜科	千屈菜属	千屈菜	*Lythrum salicaria* L.
67		节节菜属	圆叶节节菜	*Rotala rotundifolia* (Buch.-Ham. ex Roxb.) Koehne
68	柳叶菜科	山桃草属	山桃草	*Gaura lindheimeri* Engelm. & A. Gray
69	小二仙草科	狐尾藻属	狐尾藻	*Myriophyllum verticillatum* L.
70			粉绿狐尾藻	*Myriophyllum aquaticum* (Vell.) Verdc.
71	伞形科	水芹属	水芹	*Oenanthe javanica* (Blume) DC.
72		天胡荽属	南美天胡荽	*Hydrocotyle vulgaris*
73	马钱科	醉鱼草属	醉鱼草	*Buddleja lindleyana* Fortune
74	龙胆科	荇菜属	荇菜	*Nymphoides peltata* (S. G. Gmel.) Kuntze
75	旋花科	马蹄金属	马蹄金	*Dichondra micrantha* Urban
76		打碗花属	打碗花	*Calystegia hederacea* Wall. in Roxb.
77	唇形科	鼠尾草属	荔枝草	*Salvia plebeia* R. Br.
78			鼠尾草	*Salvia japonica* Thunb.
79	茄科	曼陀罗属	曼陀罗	*Datura stramonium* L.
80		茄属	龙葵	*Solanum nigrum* L.
81			黄果茄	*Solanum virginianum* L.
82	玄参科	通泉草属	通泉草	*Mazus pumilus* (Burm. f.) Steenis
83		婆婆纳属	北水苦荬	*Veronica anagallis-aquatica* L.
84			阿拉伯婆婆纳	*Veronica persica* Poir.
85	茜草科	茜草属	茜草	*Rubia cordifolia* L.
86		拉拉藤属	猪殃殃	*Galium spurium* L.
87			六叶葎	*Galium hoffmeisteri* (Klotzsch) Ehrend. & Schönb.-Tem. ex R. R. Mill
88	忍冬科	接骨木属	接骨草	*Sambucus javanica* Reinw. ex Blume

序号	科名	属名	中文学名	拉丁学名
89	菊科	白酒草属	香丝草	*Erigeron bonariensis* L.
90			小蓬草	*Erigeron canadensis* L.
91		苦苣菜属	苣荬菜	*Sonchus wightianus* DC.
92			苦苣菜	*Sonchus oleraceus* L.
93			花叶滇苦菜	*Sonchus asper*（L.）Hill.
94		蒿属	艾	*Artemisia argyi* H. Lév. & Vaniot
95			五月艾	*Artemisia indica* Willd.
96			阴地蒿	*Artemisia sylvatica* Maxim.
97			野艾蒿	*Artemisia lavandulifolia* DC.
98		鼠曲草属	鼠曲草	*Pseudognaphalium affine*（D. Don）Anderb.
99		旋覆花属	旋覆花	*Inula japonica* Thunb.
100		黄鹌菜属	黄鹌菜	*Youngia Japonica*
101		联毛紫菀属	钻叶紫菀	*Symphyotrichum subulatum*（Michx.）G. L. Nesom
102		金鸡菊属	剑叶金鸡菊	*Coreopsislanceolata* L.
103		天名精属	天名精	*Carpesium abrotanoides* L.
104		蓟属	刺儿菜	*Cirsium arvense* var. *integrifolium*
105		千里光属	千里光	*Senecio scandens* Buch.-Ham. ex D. Don
106		紫茎泽兰属	紫茎泽兰	*Ageratina adenophora*（Spreng.）R. M. King & H. Rob.
107		莴苣属	翅果菊	*Lactuca indica* L.
108		马兰属	马兰	*Aster indicus* L.
109		稻槎菜属	稻槎菜	*Lapsanastrum apogonoides*（Maxim.）Pak & K. Bremer
110	紫草科	附地菜属	附地菜	*Trigonotis peduncularis*（Trevis.）Benth. ex Baker & S. Moore
111	桃金娘科	红千层属	红千层	*Callistemon rigidus* R. Br.
112		白千层属	千层金	*Melaleuca bracteata* F. Muell.
113	香蒲科	香蒲属	香蒲	*Typha orientalis* C. Presl
114			宽叶香蒲	*Typha latifolia* L.

序号	科名	属名	中文学名	拉丁学名
115	眼子菜科	眼子菜属	菹草	*Potamogeton crispus* L.
116			竹叶眼子菜	*Potamogeton wrightii* Morong
117	泽泻科	泽泻属	泽泻	*Alisma plantago-aquatica* L.
118		慈姑属	慈姑	*Sagittaria sagittifolia* L.
119		水金英属	水金英	*Hydrocleys nymphoides*
120		肋果慈姑属	皇冠草	*Echinodorus grisebachii* Small
121	水鳖科	黑藻属	黑藻	*Hydrilla verticillata* (L. f.) Royle
122		苦草属	苦草	*Vallisneria natans* (Lour.) H. Hara
123		水鳖属	水鳖	*Hydrocharis dubia* (Bl.) Backer
124	禾本科	刚竹属	水竹	*Phyllostachys heteroclada* Oliv.
125		芦苇属	芦苇	*Phragmites australis* (Cav.) Trin. ex Steud
126		芦竹属	芦竹	*Arundo donax* L.
127			花叶芦竹	*Arundo donax*
128		芒属	芒	*Miscanthus sinensis* Anderss.
129			五节芒	*Miscanthus floridulus* (Labill.) Warburg ex K. Schumann
130			细叶芒	*Miscanthus sinensis* cv.
131		白茅属	白茅	*Imperata cylindrica* (L.) P. Beauv.
132		蒲苇属	蒲苇	*Cortaderia selloana* (Schult. & Schult. f.) Asch. & Graebn.
133		稻属	稻	*Oryza sativa* L.
134		荻属	荻	*Triarrhena sacchariflora* (Maxim.) Nakai

续表

序号	科名	属名	中文学名	拉丁学名
135	禾本科	狼尾草属	象草	*Pennisetum purpureum* Schum
136		雀稗属	双穗雀稗	*Paspalum distichum* L.
137			毛花雀稗	*Paspalum dilatatum* Poir.
138		稗属	稗	*Echinochloa crusgalli* (L.) Beauv.
139		虉草属	虉草	*Phalaris arundinacea* Linn
140		菰属	菰	*Zizania latifolia* (Griseb.) Stapf
141		香茅属	柠檬草	*Cymbopogoncitratus* (D.C.) Stapf
142		棒头草属	棒头草	*Polypogon fugax* Nees ex Steud.
143		羊茅属	高羊茅	*Festuca elata* Keng ex E.B. Alexeev
144		黑麦草属	黑麦草	*Lolium perenne* L.
145		狗尾草属	棕叶狗尾草	*Setaria palmifolia* (J. Konig) Stapf
146	莎草科	水葱属	水葱	*Schoenoplectus tabernaemontani* (C.C. Gmelin) Palla
147			花叶水葱	*Scirpus validus* f. "Mosaic"
148		莎草属	碎米莎草	*Cyperus iria* L.
149			风车草	*Cyperus involucratus* Rottboll
150			断节莎	*Cyperus odoratus* L.
151		薹草属	条穗薹草	*Carex nemostachys* Steud.
152			异鳞薹草	*Carex heterolepis* Bunge
153		藨草属	藨草	*Scirpus triqueter* L.
154		水蜈蚣属	短叶水蜈蚣	*Kyllinga brevifolia* Rottb.
155	天南星科	海芋属	海芋	*Alocasia macrorrhiza*
156		马蹄莲属	马蹄莲	*Zantedeschia aethiopica* (L.) Spreng.
157		龟背竹属	龟背竹	*Monstera deliciosa* Liebm.
158		喜林芋属	仙羽蔓绿绒	*Philodendron xanadu* Croat, Mayo et Boos
159		芋属	芋	*Colocasia esculenta* (L.) Schott
160		菖蒲属	菖蒲	*Acorus calamus* L.
161			石菖蒲	*Acorus tatarinowii*

序号	科名	属名	中文学名	拉丁学名
162	浮萍科	浮萍属	紫萍	*Spirodela polyrhiza* (Linnaeus) Schleiden
163			浮萍	*Lemna minor* L.
164	鸭跖草科	鸭跖草属	鸭跖草	*Commelina communis* L.
165		紫露草属	白花紫露草	*Tradescantia fluminensis* Vell.
166	雨久花科	雨久花属	雨久花	*Monochoria korsakowii* Regel & Maack
167		梭鱼草属	梭鱼草	*Pontederia cordata*
168		凤眼莲属	凤眼莲	*Eichhornia crassipes* (Mart.) Solms
169	鸢尾科	鸢尾属	黄花鸢尾	*Iris wilsonii* C. H. Wright
170			鸢尾	*Iris tectorum* Maxim.
171			黄菖蒲	*Iris pseudacorus* L.
172			燕子花	*Iris laevigata* Fisch.
173			蝴蝶花	*Iris japonica* Thunb.
174			变色鸢尾	*Iris versicolor* L.
175			玉蝉花	*Iris ensata* Thunb.
176	灯芯草科	灯芯草属	灯芯草	*Juncus effusus* L.
177	百合科	吉祥草属	吉祥草	*Reineckea carnea* (Andrews) Kunth
178		沿阶草属	麦冬	*Ophiopogon japonicus* (L. f.) Ker Gawl.
179			沿阶草	*Ophiopogon bodinieri* H. Lév.
180		山麦冬属	阔叶山麦冬	*Liriope platyphylla* F. T. Wang & Tang
181		萱草属	萱草	*Hemerocallis fulva* L.
182	石蒜科	葱莲属	葱莲	*Zephyranthes candida* (Lindl.) Herb.
183	竹芋科	水竹芋属	再力花	*Thalia dealbata*
184	美人蕉科	美人蕉属	紫叶美人蕉	*Canna warszewiczii* A. Dietr.
185			美人蕉	*Canna indica* L.

3.3.2　湿地公园植物科属种统计分析

参考王道立（2022）的分类标准，根据科内种的数量，将 185 种湿地植物分为 4 类：单种科、寡种科（2~5 种）、中等科（6~15 种）、多种科（>15种）。由表 3-4、表 3-5 可知，单种科共计 20 科，占总科数的 34.48%，包括水蕨科、苹科、满江红科、金鱼藻科等科；寡种科共计 30 科，在总科数中占比最高，为 51.72%，包括木贼科、杉科、杨柳科等；中等科共计 6 科，分别为蓼科、睡莲科、蔷薇科、莎草科、天南星科以及鸢尾科；多种科只有菊科、禾本科 2 科，占总科数的 3.45%。

表 3-4　湿地公园植物统计

分类	科		属		种	
	科数	比例	属数	比例	种数	比例
单种科	20	34.48%	20	14.29%	20	10.81%
寡种科（2~5 种）	30	51.72%	59	42.14%	78	42.16%
中等科（6~15 种）	6	10.34%	28	20.00%	44	23.78%
多种科（>15 种）	2	3.45%	33	23.57%	43	23.24%
合计	58	100%	140	100%	185	100%

表 3-5　湿地公园植物分类统计

分类	科数	所占比例	科名	种数
单种科	20	34.48%	水蕨科（Parkeriaceae）	1
			苹科（Marsileaceae）	1
			满江红科（Azollaceae）	1
			松科（Pinaceae）	1
			胡桃科（Juglandaceae）	1
			金鱼藻科（Ceratophyllaceae）	1
			荨麻科（Urticaceae）	1
			罂粟科（Papaveraceae）	1
			酢浆草科（Oxalidaceae）	1
			牻牛儿苗科（Geraniaceae）	1

分类	科数	所占比例	科名	种数
单种科	20	34.48%	大戟科（Euphorbiaceae）	1
			葡萄科（Vitaceae）	1
			柳叶菜科（Onagraceae）	1
			马钱科（Loganiaceae）	1
			龙胆科（Gentianaceae）	1
			忍冬科（Caprifoliaceae）	1
			紫草科（Boraginaceae）	1
			石蒜科（Amaryllidaceae）	1
			灯芯草科（Juncaceae）	1
			竹芋科（Marantaceae）	1
寡种科	30	51.72%	杉科（Taxodiaceae）	2
			杨柳科（Salicaceae）	2
			桑科（Moraceae）	3
			苋科（Amaranthaceae）	3
			石竹科（Caryophyllaceae）	3
			毛茛科（Ranunculaceae）	3
			樟科（Lauraceae）	3
			十字花科（Cruciferae）	2
			豆科（Fabaceae）	5
			锦葵科（Malvaceae）	2
			堇菜科（Violaceae）	2
			千屈菜科（Lythraceae）	2
			小二仙草科（Haloragaceae）	2
			木贼科（Equisetaceae）	2
			伞形科（Apiaceae）	2
			旋花科（Convolvulaceae）	2
			唇形科（Lamiaceae）	2
			茄科（Solanaceae）	3

续表

分类	科数	所占比例	科名	种数
寡种科	30	51.72%	玄参科（Scrophulariaceae）	3
			茜草科（Rubiaceae）	3
			桃金娘科（Myrtaceae）	2
			香蒲科（Typhaceae）	2
			眼子菜科（Potamogetonaceae）	2
			泽泻科（Alismataceae）	4
			水鳖科（Hydrocharitaceae）	3
			浮萍科（Lemnaceae）	2
			鸭跖草科（Commelinaceae）	2
			雨久花科（Pontederiaceae）	3
			百合科（Liliaceae）	5
			美人蕉科（Cannaceae）	2
中等科	6	10.34%	蓼科（Polygonaceae）	9
			睡莲科（Nymphaeaceae）	6
			蔷薇科（Rosaceae）	6
			莎草科（Cyperaceae）	9
			天南星科（Araceae）	7
			鸢尾科（Iridaceae）	7
多种科	2	3.45%	菊科（Asteraceae）	21
			禾本科（Poaceae）	22

从属种数量来看，20 个单种科含 20 属 20 种，分别占总属种数的
14.29%、10.81%；30 个寡种科属种数最多，含 59 属 78 种，分别占总属种
数的 42.14%、42.16%；6 个中等科含 28 属 44 种，分别占总属种数的
20.00%、23.79%；2 个多种科属种较为丰富，含 33 属 43 种，分别占总属种
数的 23.57%、23.24%。

由表 3-6 可知，10 个湿地公园植物优势科排名前八的为禾本科（22 种，
11.89%）、菊科（21 种，11.35%）、蓼科（9 种，4.86%）、莎草科（9 种，
4.86%）、天南星科（7 种，3.78%）、鸢尾科（7 种，3.78%）、睡莲科（6

种，3.24%）、蔷薇科（6 种，3.24%）。其中种数在 10 种以上的仅有 2 科，这 2 科植物共 43 种，占 185 种湿地植物的 23.24%。

表 3-6　湿地植物优势科统计

科名	种数	比例
禾本科	22	11.89%
菊科	21	11.35%
蓼科	9	4.86%
莎草科	9	4.86%
天南星科	7	3.78%
鸢尾科	7	3.78%
睡莲科	6	3.24%
蔷薇科	6	3.24%
合计	87	47.03%

由表 3-7 可知，10 个湿地公园植物优势属排名前七的有鸢尾属（7 种，3.78%）、蒿属（4 种，2.16%）、蓼属（4 种，2.16%）、芒属（3 种，1.62%）、莎草属（3 种，1.62%）、毛茛属（3 种，1.62%）、苦苣菜属（3 种，1.62%），以鸢尾属植物种类最丰富。

表 3-7　湿地植物优势属统计

属名	种数	比例
鸢尾属	7	3.78%
蒿属	4	2.16%
蓼属	4	2.16%
芒属	3	1.62%
莎草属	3	1.62%
毛茛属	3	1.62%
苦苣菜属	3	1.62%
合计	27	14.59%

3.3.3　湿地公园植物生活型分析

生活型是植物为适应生境，其在形态、生理、结构等方面的具体表现。185 种植物的生活型可分为乔木、灌木、藤本、多年生草本，以及一年或二年生草本五类。由表 3-8 可知，185 种湿地植物中，木本植物共计 25 种，占植物总种数的 13.51%。其中，乔木有 15 种，占木本植物总种数的 60.00%；灌木有 8 种，占木本植物总种数的 32%；藤本只有 2 种，占木本植物总种数的 1.08%。草本植物（多年生草本、一或二年生草本）共 160 种，占植物总种数的 86.49%。草本植物中绝大部分为多年生草本，共 119 种，占草本植物总种数的 74.38%；一年或二年生草本有 41 种，占草本植物总种数的 25.63%。185 种植物中草本植物占比最大，种类最多，占绝对优势。

表 3-8　湿地公园植物生活型统计

生活型	种数	比例
乔木	15	8.11%
灌木	8	4.32%
藤本	2	1.08%
多年生草本	119	64.33%
一或二年生草本	41	22.16%
合计	185	100%

2 种藤本植物为乌蔹莓、茜草。8 种灌木为水麻、插田藨、覆盆子、粉花绣线菊、木芙蓉、木槿、醉鱼草、龟背竹。乔木主要分布在杉科、杨柳科、桑科、樟科、桃金娘科等。

3.3.4　湿地公园植物来源分析

湿地公园植物按来源可分为乡土植物和外来植物两类。将原生于四川境内的植物划为乡土植物，来自四川境外的植物划为外来植物。据统计，乡土植物有 120 种，占植物总种数的 64.86%，见表 3-9。乡土植物中，乔木有 10 种，如水杉、垂柳、枫杨、构树、乌桕等；灌木有 5 种，分别是水麻、插田藨、覆盆子、木芙蓉、醉鱼草；藤本只有乌蔹莓 1 种；草本植物种类最多，共计 104 种，占乡土植物总种数的 86.67%，如满江红、水蓼、金鱼藻、千屈菜、香蒲等。外来植物（含外来入侵种）有 65 种，占植物总种数的 35.14%。其中乔木有 5 种，分别是落羽杉、雅榕、阴香、红千层、千层金；灌木有 3 种，分别是粉花绣线菊、木槿、龟背竹；藤本植物只有茜草 1 种；草本植物有 56 种，占外来植物（含外来入侵种）总种数的 86.15%，如水金英、皇冠草、美人蕉、变色鸢尾、黄菖蒲等。56 种外来草本植物中，外来入侵种有 23 种，占外来植物（含外来入侵种）总种数的 35.38%，乔木、灌木、藤本植物不含外来入侵种。

表 3-9　湿地公园植物来源统计（按种数计）

植物来源	乔木	灌木	藤本	草本	总和
乡土植物	10	5	1	104	120
外来植物（含外来入侵种）	5	3	1	56	65
外来入侵种	—	—	—	23	23
合计	15	8	2	160	185

由表 3-10 可知，外来入侵种（23 种）中，菊科种数最多（7 种），占外来入侵种总种数的 30.43%；禾本科种数次之（4 种），占外来入侵种总种数的 17.39%；石竹科和豆科种数（各 2 种）均占外来入侵种总种数的 8.70%；苋科、毛茛科、十字花科、伞形科、茄科、玄参科、雨久花科、石蒜科种数各为 1 种，均占外来入侵种总种数的 4.35%。

表 3-10　外来入侵种植物名录

序号	科	属	种	原产地/国	类群
1	苋科	莲子草属	空心莲子草 [*Alternanthera philoxeroides* (Mart.) Griseb.]	巴西	双子叶植物
2	石竹科	鹅肠菜属	鹅肠菜 [*Stellaria aquatica* (L.) Scop.]	欧洲	双子叶植物
3		卷耳属	球序卷耳 (*Cerastium glomeratum* Thuill.)	欧洲	双子叶植物
4	毛茛科	毛茛属	刺果毛茛 (*Ranunculus muricatus* L.)	欧洲和西亚	双子叶植物
5	十字花科	碎米荠属	弯曲碎米荠 (*Cardamine flexuosa* With.)	欧洲	双子叶植物

续表

序号	科	属	种	原产地/国	类群
6	豆科	苜蓿属	紫苜蓿 (*Medicago sativa* L.)	西亚	双子叶植物
7		车轴草属	白车轴草 (*Trifolium repens* L.)	欧洲和北非	双子叶植物
8	伞形科	天胡荽属	南美天胡荽 (*Hydrocotyle vulgaris*)	欧美	双子叶植物
9	茄科	曼陀罗属	曼陀罗 (*Datura stramonium* L.)	墨西哥	双子叶植物
10	玄参科	婆婆纳属	阿拉伯婆婆纳 (*Veronica persica* Poir.)	西亚	双子叶植物
11	菊科	白酒草属	香丝草 (*Erigeron bonariensis* L.)	南美洲	双子叶植物
12			小蓬草 (*Erigeron canadensis* L.)	北美洲	双子叶植物
13		苦苣菜属	苦苣菜 (*Sonchus oleraceus* L.)	欧洲	双子叶植物
14			花叶滇苦菜 [*Sonchus asper* (L.) Hill.]	欧洲和地中海	双子叶植物
15		联毛紫菀属	钻叶紫菀 [*Symphyotrichum subulatum* (Michx.) G.L. Nesom]	北美洲	双子叶植物
16		金鸡菊属	剑叶金鸡菊 (*Coreopsis lanceolata* L.)	美国	双子叶植物
17		紫茎泽兰属	紫茎泽兰 [*Ageratina adenophora* (Spreng.) R.M. King & H. Rob.]	墨西哥	双子叶植物
18	禾本科	狼尾草属	象草 (*Pennisetum purpureum* Schum)	非洲	单子叶植物
19		雀稗属	毛花雀稗 (*Paspalum dilatatum* Poir.)	南美洲	单子叶植物
20		黑麦草属	黑麦草 (*Lolium perenne* L.)	欧洲	单子叶植物
21		狗尾草属	棕叶狗尾草 [*Setaria palmifolia* (J. Konig) Stapf]	非洲	单子叶植物

序号	科	属	种	原产地/国	类群
22	雨久花科	凤眼莲属	凤眼莲 [*Eichhornia crassipes* (Mart.) Solms]	巴西	单子叶植物
23	石蒜科	葱莲属	葱莲 [*Zephyranthes candida* (Lindl.) Herb.]	南美洲	单子叶植物

在 23 种外来入侵种中，大部分为双子叶植物，共有 9 科，占外来入侵种总科数的 75.00%；15 属，占外来入侵种总属数的 71.43%；17 种，占外来入侵种总种数的 73.91%。小部分为单子叶植物，共有 3 科，占外来入侵种总科数的 25.00%；6 属，占外来入侵种总属数的 28.57%；6 种，占外来入侵种总种数的 26.09%。

3.3.5 湿地公园植物观赏类型分析

湿地公园植物观赏类型可分为观花、观果、观叶、观形 4 种，统计结果见表 3-11。湿地公园的观花植物最多，共计 87 种，占湿地公园植物总种数的 47.03%。其中乔木 2 种，为红千层和石楠；灌木 4 种，分别为粉花绣线菊、木芙蓉、木槿和醉鱼草；藤本只有茜草 1 种；草本有泽泻、慈姑、水金英、皇冠草等 80 种，占草本植物总种数的 50.00%。观果植物种类比较单一，只有 6 种。其中灌木有插田藨、覆盆子 2 种，藤本只有乌蔹莓 1 种，草本有蛇莓、龙葵和黄果茄 3 种，无乔木。观叶植物种类较多，有 56 种，占湿地植物总种数的 30.27%。其中乔木只有千层金 1 种；灌木有 2 种，分别是龟背竹和水麻；草本种类最多，有 53 种，占草本植物总种数的 33.13%，如王莲、南美天胡荽、马蹄金等；无藤本。观形植物共有 36 种，无灌木和藤本；乔木有 12 种，占乔木总种数的 80.00%，如落羽杉、水杉、垂柳等；草本有 24 种，占观形植物总种数的 66.67%，如水葱、蒲苇、白茅等。

表 3－11 湿地公园植物观赏类型统计

类型	乔木	灌木	藤本	草本	总和
观花	2	4	1	80	87
观果	—	2	1	3	6
观叶	1	2	—	53	56
观形	12	—	—	24	36
合计	15	8	2	160	185

3.3.6 湿地公园植物生态类型分析

由表 3－12 可知，在 185 种湿地植物中，湿生植物有 110 种，占湿地公园植物总种数的 59.46%；水生植物有 75 种，占湿地公园植物总种数的 40.54%，其中挺水植物、浮叶植物、沉水植物、漂浮植物分别有 54 种、9 种、7 种、5 种，占湿地公园植物总种数的 29.19%、4.87%、3.78% 和 2.70%。由此可见，四川 10 个湿地公园的湿地植物在生态类型上以湿生植物为主，水生植物种类较少。水生植物中又以挺水植物为主，浮叶植物、沉水植物和漂浮植物较少。

表 3－12 湿地公园植物生态类型统计

生态类型		种数	比例
湿生植物		110	59.46%
水生植物	挺水植物	54	29.19%
	浮叶植物	9	4.87%
	沉水植物	7	3.78%
	漂浮植物	5	2.70%
合计		185	100%

3.4 湿地公园植物的应用与配置分析

3.4.1 白鹤滩国家湿地公园

白鹤滩国家湿地公园整体情况很好。公园湿地率为 95%，水质较好。植物多样性较高，种类比较丰富。本次调查到湿地公园植物有 96 种，隶属于 43 科 79 属。该公园保留了较多乡土植物，色彩搭配合理。驳岸利用桃树、芦苇、蝴蝶花等观赏植物孤植或丛植提高美观度。此外还会放置不同形状大小的石头用以点缀，让驳岸的植物景观更加错落有致（见图 3－11）。公园种植有不同类型的观赏植物，如观叶植物风车草、南美天胡荽、粉绿狐尾藻等，观花植物睡莲、燕子花、玉蝉花等，另外还形成了各种天然的植物群落，如北水苦荬群落（见图 3－12）、睡莲群落（见图 3－13）、芦苇群落（见图 3－14）等。加之各种亭、栏、桥的搭配，保证了公园处处有景可赏，也为公园增添了几分野趣。

图 3－11 驳岸植物搭配   图 3－12 北水苦荬群落

图 3－13 睡莲群落   图 3－14 芦苇群落

白鹤滩国家湿地公园景观评价分析表见表 3—13。

表 3—13　白鹤滩国家湿地公园景观评价分析表

分析项目	水质情况	植物多样性	色彩搭配	景观优美度	综合
等级	＊＊＊＊	＊＊＊＊＊	＊＊＊＊＊	＊＊＊＊＊	＊＊＊＊＊

注：＊表示很差，＊＊表示较差，＊＊＊表示一般，＊＊＊＊表示较好，＊＊＊＊＊表示很好。

3.4.2　桤木河湿地公园

桤木河湿地公园整体情况较好，但在调查期间水质一般。湿地公园依河而建，植物多样性较强，湿地植物数量和种类较多，共 83 种，隶属于 44 科 73 属，各种各样的湿地植物形成了独具特色的河流湿地景观。公园中色彩搭配较为合理，美观度较高。公园内不同的河道生长着不同的湿地植物，形成了组团式群落景观，如水杉群落（见图 3—15）、枫杨群落（见图 3—16）等，让游客能在公园不同地方欣赏到不同的景，增加体验感。公园内还分布有大片的荷田和稻田，红色的荷花和金黄的水稻为公园增添了色彩。岸边生长的再力花、风车草、梭鱼草、灯芯草等水生植物组成了一幅多姿多彩的水体植物景观图。公园内建有许多木质桥梁、栈道和石阶，此外还设置了一些趣味性小品（见图 3—17），为湿地公园增添了几分童趣。桤木河湿地公园驳岸植物搭配如图 3—18 所示。

图 3—15　水杉群落　　　　　　图 3—16　枫杨群落

图 3-17　趣味性小品

图 3-18　驳岸植物搭配

桤木河湿地公园景观评价分析表见表 3-14。

表 3-14　桤木河湿地公园景观评价分析表

分析项目	水质情况	植物多样性	色彩搭配	景观优美度	综合
等级	***	****	****	****	****

注：*表示很差，**表示较差，***表示一般，****表示较好，*****表示很好。

3.4.3　柳梢堰湿地公园

柳梢堰湿地公园整体情况较好。水质较好，植物多样性较高。调查到的湿地植物共计 81 种，隶属于 37 科 68 属，植被类型比较丰富。色彩搭配合理，美观度较高。驳岸种植了很多水生植物，如芦苇、鸢尾、黄菖蒲等，各色各样的水生植物挺立岸边，加之以不同形状大小的石头作点缀，显得驳岸植物景观更加错落有致（见图 3-19）。公园中不仅各种设施搭配合理、美观，还形成了很多天然植物群落，如浮萍群落（见图 3-20）、再力花群落（见图 3-21）、睡莲群落等，增加了公园的观赏性。公园内的桥设计为红色，与岸边的垂柳、再力花等水生植物及其在水面上的倒影形成了一幅色彩鲜艳的水岸景观图（见图 3-21）。

图 3-19　驳岸景观

图 3-20　浮萍群落　　　　　　图 3-21　再力花群落

柳梢堰湿地公园景观评价分析表见表 3-15。

表 3-15　柳梢堰湿地公园景观评价分析表

分析项目	水质情况	植物多样性	色彩搭配	景观优美度	综合
等级	****	****	*****	*****	****

注：＊表示很差，＊＊表示较差，＊＊＊表示一般，＊＊＊＊表示较好，＊＊＊＊＊表示很好。

3.4.4　东坡城市湿地公园

东坡城市湿地公园整体情况较好。水质较好（见图 3-22）。湿地植物种类较多，共计 98 种，隶属于 44 科 81 属，植被类型较为丰富。公园内植物色彩搭配较好，水生植物较多，各种水生植物如鸢尾、美人蕉、再力花或丛植或散植在岸边，相互搭配、点缀，形成了优美的水岸植物景观。公园内不仅形成了很多天然的植物群落如芦苇群落（见图 3-23）、香蒲群落（见图 3-24），还建有各种特色景观如水边步道（见图 3-25），让游客可以近距离地观赏水下风景，如苦草、黑藻等沉水植物和各种各样的水生动物，获得不一样的体验感。

图3-22 水体净化效果较好

图3-23 芦苇群落

图3-24 香蒲群落

图3-25 水边步道

东坡城市湿地公园景观评价分析表见表3-16。

表3-16 东坡城市湿地公园景观评价分析表

分析项目	水质情况	植物多样性	色彩搭配	景观优美度	综合
等级	*****	*****	****	****	*****

注：*表示很差，**表示较差，***表示一般，****表示较好，*****表示很好。

3.4.5 青龙湖湿地公园

青龙湖湿地公园整体情况较好。水域面积比较大，占公园总面积的六分之一，水质较好。植物多样性较强，植物种类丰富，调查到的湿地植物共计99种，隶属于43科79属。色彩搭配合理，美观度较高。驳岸种植了很多水生植

72

物,如芦苇、水葱、菖蒲等,各色各样的水生植物挺立岸边,与宽阔的水面共同形成优美的水体景观(见图 3−26)。公园内形成了很多天然的植物群落,如菖蒲群落(见图 3−27)、芦苇群落(见图 3−28)等,增加了公园的观赏性。公园内沿水岸有着不同的风景,可让游客在观赏过程中保持新鲜感。

图 3−26　驳岸景观

图 3−27　菖蒲群落　　　　　　　　　图 3−28　芦苇群落

青龙湖湿地公园景观评价分析表见表 3−17。

表 3−17　青龙湖湿地公园景观评价分析表

分析项目	水质情况	植物多样性	色彩搭配	景观优美度	综合
等级	****	*****	****	****	****

注：* 表示很差,** 表示较差,*** 表示一般,**** 表示较好,***** 表示很好。

3.4.6　兴隆湖湿地公园

兴隆湖湿地公园整体情况较好。水质很好,湖内种植了苦草、眼子菜等水生植物,充分发挥了其净水功能。植物多样性较强,湿地植物种类较多,共计

91 种，隶属于 42 科 80 属。色彩搭配较好，公园采用林—水组合的配置模式，在湖岸种植了大量水杉、乌桕等湿生乔木，加之各种水生植物如芦苇、风车草、再力花或丛植或散植在岸边，与宽阔的湖面形成了优美的水体植物景观（见图 3-29）。美观度较好，公园内不仅形成了很多天然的植物群落如水杉群落（见图 3-30）、芦苇群落（见图 3-31）等，还有各种颜色鲜艳的步行道和桥梁，丰富了湿地公园的色彩。

图 3-29　驳岸景观

图 3-30　水杉群落　　　　　　　　　图 3-31　芦苇群落

兴隆湖湿地公园景观评价分析表见表 3-18。

表 3-18　兴隆湖湿地公园景观评价分析表

分析项目	水质情况	植物多样性	色彩搭配	景观优美度	综合
等级	*****	****	****	****	****

注：*表示很差，**表示较差，***表示一般，****表示较好，*****表示很好。

3.4.7　白鹭湾湿地公园

白鹭湾湿地公园整体情况较好。在调查期间，水质一般。植物多样性较强，种类丰富，调查到的湿地植物共计 97 种，隶属于 46 科 81 属。色彩搭配较好。公园植物数量众多，绿化面积高达 95%。各种类型的观赏植物较多，形成了很多天然的植物群落如睡莲群落（见图 3-32）、狐尾藻群落（见图 3-33）等。美观度较一般。驳岸虽种植了很多植物，但搭配不够合理，看起来比较杂乱，导致景观效益不高（见图 3-34）。

图 3-32　睡莲群落　　　　　　　　图 3-33　狐尾藻群落

图 3-34　驳岸景观

白鹭湾湿地公园景观评价分析表见表 3-19。

表 3-19　白鹭湾湿地公园景观评价分析表

分析项目	水质情况	植物多样性	色彩搭配	景观优美度	综合
等级	***	****	****	***	****

注：*表示很差，**表示较差，***表示一般，****表示较好，*****表示很好。

3.4.8 凤凰湖湿地公园

凤凰湖湿地公园整体情况较好。水质较好。植物多样性较强,湿地植物种类较多,共86种,隶属于44科77属。色彩搭配较好,公园搭配了很多常绿植物和落叶植物,让游客可以在一年四季里都有景可观。水岸边采用湿生乔木和水生植物混植,如水杉、枫杨等高大乔木,鸢尾、石菖蒲、水葱等水生植物,使驳岸景观错落有致,层次分明(见图3-35)。美观度较好,公园内形成了很多植物群落如水杉群落(见图3-36)、黄菖蒲群落等,还有各种美观的设计如假山(见图3-37),增添了湿地公园的趣味。

图3-35 驳岸景观

图3-36 水杉群落   图3-37 假山

凤凰湖湿地公园景观评价分析表见表3-20。

表 3－20　凤凰湖湿地公园景观评价分析表

分析项目	水质情况	植物多样性	色彩搭配	景观优美度	综合
等级	****	****	****	*****	****

注：＊表示很差，＊＊表示较差，＊＊＊表示一般，＊＊＊＊表示较好，＊＊＊＊＊表示很好。

3.4.9　鲁家滩湿地公园

鲁家滩湿地公园整体情况较好。水质较好。植物多样性较强，湿地植物数量和种类较多，共计 81 种，隶属于 42 科 72 属，但水生植物种类较少。色彩搭配较为合理。公园种植了大量落叶乔木，在春夏时节繁荣茂盛，在秋冬时节虽落叶，但也不失为一种别样美景。再加上灌木和草本花卉的存在，整个驳岸景观结构错落有致（见图 3－38），美观度较高。公园植被丰富，树木枝繁叶茂，有湖泊、亲水的木质栈桥（见图 3－39）、阶梯叠水滩（见图 3－40）等多种景观，富有原始野趣。公园河堤上绿树成荫，种植了大量的芦苇，形成了一片壮观的芦苇荡。

图 3－38　驳岸景观

图 3－39　木质栈桥　　　　　　图 3－40　阶梯叠水滩

鲁家滩湿地公园景观评价分析表见表 3-21。

表 3-21 鲁家滩湿地公园景观评价分析表

分析项目	水质情况	植物多样性	色彩搭配	景观优美度	综合
等级	****	****	*****	*****	****

注：*表示很差，**表示较差，***表示一般，****表示较好，*****表示很好。

3.4.10　白河湿地公园

白河湿地公园整体情况较好。水质较好。本次调查到的湿地植物共计 79 种，隶属于 37 科 66 属，水生植物应用较少。色彩搭配较好，公园大量搭配绿色植物和彩花彩叶植物，颜色较为丰富，可以让游客在不同的季节欣赏到不同的景观。美观度较好，公园不仅大量配置乔、灌、草，造景方式还多样化，营造四季有花四季有水的季相景观，加上不同形状、大小的石头点缀水面（见图 3-41）、各种趣味设计（见图 3-42），增添了驳岸景观的趣味性（见图 3-43）。公园乔木类以香樟、垂柳、枫杨等为主，水生植物有再力花、风车草、水葱、菖蒲、花叶芦竹、水竹、莎草等，种类较多。

图 3-41　石头点缀水面　　　　　　　图 3-42　趣味设计

图 3－43　驳岸景观

白河湿地公园景观评价分析表见表 3－22。

表 3－22　白河湿地公园景观评价分析表

分析项目	水质情况	植物多样性	色彩搭配	景观优美度	综合
等级	****	***	****	*****	****

注：＊表示很差，＊＊表示较差，＊＊＊表示一般，＊＊＊＊表示较好，＊＊＊＊＊表示很好。

3.5　优化建议

3.5.1　丰富湿地植物种类和数量

已有研究表明，四川的湿地植物共计 113 科 376 属 1008 种，而在本章调查的 10 个代表湿地公园的湿地植物共计 58 科 140 属 185 种，只占四川湿地植物总数的 18.35％。因此，要打造出更加优美的湿地植物景观，就要尽量丰富湿地植物的种类和数量，充分发挥湿地公园的生态功能。据本章调查可知，10个湿地公园的湿地植物种类均较少，因此公园可以根据当地的气候环境等适当添加湿地植物种类，并结合当地特色营造湿地植物景观。应在确保科学性和生态性的基础上，充分考量植物自身的生态特性，添加耐湿性和观赏性较强的植物种类。同时针对不同植物种类的耐淹性能和具体的地形情况，合理运用乔灌藤草等配植，如垂柳、落羽杉、鸢尾、芦苇、香蒲等，以形成生态效益和多层次植物群落景观，组成稳定而多样化的景观空间层次结构，提升湿地公园植物种类的多样性和生态系统的稳定性。

在湿地植物构成中，水生植物扮演着不可或缺的角色，因此，为打造优美的湿地植物景观，水生植物的应用至关重要。经过调查发现，本次调查到的185种湿地植物中，水生植物种类较少，并且绝大部分为挺水植物，其他三类相对很少。因此，丰富湿地植物种类可以优先考虑增加浮叶、沉水和漂浮这三类植物，如浮叶植物王莲、睡莲、萍蓬草、芡实等，沉水植物苦草、菹草、眼子菜、金鱼藻等，漂浮植物水鳖、满江红、槐叶萍等，以此丰富水体景观。

3.5.2　加强公园后期管理

湿地公园环境宜人，为人们提供了休闲娱乐的场所。本章调查期间发现，有一些湿地公园的后期管理工作还存在不足，建议加强后期管理工作，打造更为整洁、自然的湿地植物景观。

3.5.3　加强科教力度

湿地公园拥有复杂的生态系统和物种多样性，在自然科学教育中扮演着不可或缺的角色。本章调查期间发现，一些湿地公园的科教设施还比较欠缺。建议湿地公园可以设置有关湿地或湿地植物的宣传栏或展板，用富有童趣的画风展示趣味小故事，以吸引游客的注意。还可以在湿地植物上悬挂介绍牌或者介绍二维码，加强游客对湿地植物的认识。也可以通过电子屏幕播放湿地植物科普短片、开展公园湿地植物知识竞赛、开设学生湿地植物科普教育课堂等，吸引更多城市居民参与其中，学习植物知识，培养生态环境保护意识，进一步加快城市生态文明建设的步伐。

3.5.4　严格控制野生植物的生长

湿地公园与一般的城市公园不同，它以湿地为核心，构建与自然景观高度契合的生态景观。本章调查发现，10个湿地公园内植物种类繁多，不仅有人为栽植的，也有很多自然生长的。野生植物为湿地公园丰富了生物多样性，提高了观赏性，使得湿地公园景观更接近于自然景观，让城市居民在湿地公园就能享受到大自然的风光。但是自然生长的植物往往生命力顽强，一旦环境条件适合，就容易大面积繁衍生长，抢夺养分，影响其他观赏植物的长势。因此，湿地公园需要对自然生长的植物尤其是入侵植物进行严格控制，做到定期清理，以免影响其他观赏植物的生长。

3.5.5　加强湿地植物与周围环境的融合

本章调查发现，10 个湿地公园动植物种类较为丰富，为了营造更为优美的湿地植物景观，不仅要合理搭配植物种类，还要将植物与周围环境融合起来。例如，添加假山、流水，勾勒一幅动态景观图；添加一些小品雕塑，与植物相互糅合，丰富植物景观；增加一些形状各异的石头，让植物景观更有野趣。湿地公园内还可设计不同的景观空间形式，比如观景平台和生态栈道。观景平台可利用地形营造湿生草本植物群落，打造具有丰富视觉感受的植物景观；生态栈道则在横向空间上做延伸，营造湿地植物景观，让游客零距离感受湿地公园四季不同的水位涨落，构成沉浸式的生态休闲互动体验。

3.5.6　丰富湿地植物季相

植物季相指群落内植物在不同季节由于气候变化所呈现的不同景观特征。本章调查发现，10 个湿地公园秋冬季植物景观效果和色彩构成较单一。因此，为了改善湿地公园景观，宜选择生长周期长、耐寒性好、根部发达的植物，重视常绿、落叶与速生、慢生植物的互相组合，适当加大耐湿型乔木（垂柳、枫杨等）和秋色叶类植物（乌桕、落羽杉、水杉等）的配比，丰富季相景观。

3.5.7　依据植物观赏特性选择种植方式

不同植物的观赏特性不同。观叶植物大多是中、小型乔木或者灌木，占据视觉面积大、空间广；观花型植物大多是灌木或草本类，占据空间和视觉范围小。一些观赏植物的色彩过于鲜艳，难以在大面积种植时突出色彩优势，甚至容易让人产生视觉疲劳。而且胡乱地按照色彩或者造型来搭配植物，既会破坏整体景观的协调性，也会破坏意境感。调查结果显示，湿地公园景观营造应结合各类植物的观赏特点，有针对性地选择配植比例，增加本土观赏植物的比重，建立具有丰富结构的植物群落。在保持湿地生态效益的前提下，增加游览视野中区域景观的多样性，强化乔灌草藤的多种组合，塑造层次清晰的湿地植物群落，营造色彩斑斓、形态多样的湿地景观。

3.6　结论

本章通过对四川 10 个湿地公园植物的调查，分析了湿地公园有水相关区域湿地植物的组成、科属种统计、生活型等，以及湿地植物的应用与配置，并针对调查期间发现的不足提出了优化建议。

（1）10个湿地公园的湿地植物种类丰富，共有58科140属185种。其中，被子植物有52科133属177种，裸子植物有2科3属3种，蕨类植物有4科4属5种。由此可见，四川10个湿地公园中，裸子植物和蕨类植物占比较少，被子植物占比较大。

（2）185种湿地植物中，寡种科植物最多，中等科和多种科次之，单种科植物最少。优势科中以禾本科和菊科植物较多，优势属中以鸢尾属、蒿属和蓼属植物较多。

（3）185种湿地植物中，草本植物（多年生草本、一年或二年生草本）有160种，占86.49%；木本植物（乔木、灌木、藤本）有25种，占13.51%。草本植物的种类更为丰富，占绝对优势。

（4）185种湿地植物中，乡土植物有120种，占64.86%。外来植物有65种，其中外来入侵植物有23种，菊科植物种类最多，且大部分为双子叶植物。

（5）185种湿地植物中，观花植物最多，共计87种，占47.03%；观果植物有6种；观叶植物有56种；观形植物有36种。

（6）185种湿地植物中，大部分为湿生植物，有110种，占59.46%。水生植物有75种，其中绝大部分为挺水植物，共54种；浮叶植物有9种；沉水植物有7种；漂浮植物有5种。由此可见，10个代表湿地公园的湿地植物在生态类型上以湿生植物为主，水生植物较少。水生植物中又以挺水植物为主，浮叶、沉水和漂浮这三类植物较少。

总的来说，湿地公园存在水生植物应用较少、植物配置较单一、层次感不够丰富、科普设施及养护力度不够等问题，需要丰富湿地植物种类和数量、加强园区后期养护管理、加强科教力度、严格控制野生植物的生长、加强湿地植物与周围环境的融合、丰富湿地植物季相等，以打造更为优质的湿地植物景观。

第4章 邛海国家湿地公园植物调查与分析

本章选取全国最大的城市湿地公园——邛海国家湿地公园，采用样线与样地相结合的方法，对邛海国家湿地公园的国家重点保护野生植物、水生植物、入侵植物、乡土树种的现状、保护情况和利用情况进行调查与分析。本章调查时间为2021—2023年。

近年来，针对邛海湿地鸟类的研究较多，针对邛海湿地植物的研究相对较少，并且关于邛海湿地国家重点保护野生植物、水生植物、入侵物种、乡土树种的调查报道较少。在此之前，仅有少量文献是对邛海湿地的树木现状、入侵植物和水生维管束植物的调查分析，且是在邛海国家湿地公园未建设之前。相关文献表明，此前邛海湿地共有树木74种，水生维管束植物77种，入侵物种45种。为了进一步发展邛海国家湿地公园的旅游文化，加强湿地生态恢复的建设、保护和管理工作，充分合理地利用湿地资源，本章在实地调查邛海国家湿地公园植物资源的基础上，对湿地内部现有的重要且影响较大的植物进行了分析和讨论，并对湿地植物的保护与利用、景观营造的可行性和发展性进行了探索性思考，以期为邛海国家湿地公园编制湿地保护规划和进一步发展旅游文化提供翔实的数据基础和理论基础。

4.1 研究区概况

邛海，古时称邛池，位于四川凉山彝族自治州西昌市，属更新世早期断陷湖，是四川第二大淡水湖。因20世纪的农业活动，即大量填海造田、围海造塘，加之自然泥沙淤积和旅游开发，使邛海水面面积严重缩减，环境遭到破坏。为了恢复邛海的湿地资源，发展西昌市的旅游文化而建设的邛海国家湿地公园湿地恢复工程一共分为6期，占地面积超过2万亩，是全国最大的城市湿地。邛海国家湿地公园距西昌市中心7公里，地处泸山东北，螺髻山北侧。邛海的水澄清明澈，是西昌市首要的饮用水水源保护地，被称为西昌市的"母亲湖"。西昌市地处低纬度、高海拔地区，因此位于西昌市的邛海湿地有着中亚热带高原山地雨量充沛、干湿分明的气候特点，这也使得邛海国家湿地公园野生植物资源十分丰富。邛海国家湿地公园作为全国最大的湿地公园，有着丰富的生物物种资源和乡土物种资源，并且还有国家重点保护动植物。资料表明，邛海湿地流域生物多样性较好，物种丰富，特有属种多，生态系统结构复杂，生境类型较多，但是"生境开发强度"指标分值相对偏低。

4.2　调查方法

　　考虑到调查地覆盖面广、水域面积较大，本章调查采用目前常用且具有代表性的样线与样地相结合的方法调查研究当地的植物多样性；并增加资料查阅法，即首先查阅与邛海湿地相关的资料，包括邛海的历史沿革、研究现状、现貌、生态恢复建设情况等，确定调查目标和范围；再从邛海国家湿地公园的一期工程观鸟岛开始环海，沿着陆路和临岸水路进行普查，辅以样方调查，到六期工程梦回田园结束。调查样线为一期工程观鸟岛、二期工程梦里水乡、三期工程烟雨鹭洲、四期工程西波鹤影、五期工程梦寻花海、六期工程梦回田园。样地调查即在样线调查过程中选取典型的且具有代表性的样方进行调查，样方大小均为 20 m×20 m。梦里水乡湿地由一期、二期、三期湿地共同组成，占地 6580 亩，共选取典型样方 20 个；四期工程西波鹤影占地1750 亩，共选取典型样方 8 个；五期工程梦寻花海占地 8340 亩，共选取典型样方 10 个；六期工程梦回田园占地 4620 亩，共选取典型样方 12 个。共计 50个典型样方。首先记录植物的种类，并查阅资料，形成植物名录。其次结合《国家重点保护野生植物名录》《中国外来入侵植物名录》《中国水生植物》《四川植物志》《中国植物志》，编写邛海国家湿地公园国家重点保护野生植物名录、水生植物名录、入侵植物名录和乡土树种名录。

　　在踏线调查的基础上，从 50 个典型样方中选取 11 个具有代表性的湿地植物群落进行评价，评价指标包括生长状况、净化效果、生态效益、物种丰富度、季相变化 5 个方面。由于空心莲子草在浅水区域和陆地上均能大量生长繁殖，并且作为入侵植物，在邛海国家湿地公园中分布区域广，数量可观，因此也划为典型群落进行分析。邛海国家湿地公园湿地植物的特色是以单一群落为主，下面所提到的几种植物群落皆是单一群落，周边搭配生长有其他水生植

物，不能称为群落的垂直结构。空心莲子草群落虽有群落的垂直结构，但不是
此次样方分析的重点。

4.3　邛海国家湿地公园国家重点保护野生植物名录

邛海国家湿地公园常见植物有 241 种（含野生种和栽培种），分属 81 科
171 属。其中包含国家重点保护野生植物 26 种，占邛海国家湿地公园常见植
物种的 10.8%；水生植物 48 种，占邛海国家湿地公园常见植物种的 20.0%；
入侵植物 32 种，占邛海国家湿地公园常见植物种的 13.3%；乡土树种 39 种，
占邛海国家湿地公园常见植物种的 16.2%。杨红（2009）等在对邛海国家湿
地公园的湿地树木资源、水生维管束植物现状调查和外来入侵物种现状的调查
与分析中表明，74 种树木分属 35 个科；77 种水生维管束植物隶属于 25 科 50
属，包含蕨类植物 5 种，隶属 2 科 3 属；72 种被子植物隶属于 23 科 47 属；45
种外来入侵物种中包括动物和植物。

依据我国最具权威性、可靠性和法律依据的，由国务院正式批准，国家林
业和草原局、农业农村部联合制定发布的《国家重点保护野生植物名录》，笔
者在多次实地调查的基础上，初步统计得到邛海国家湿地公园有国家重点保护
野生植物 26 种，隶属于 21 科 24 属。其中保护级别为Ⅰ级的有 5 种，保护级
别为Ⅱ级的有 21 种。

邛海国家湿地公园国家重点保护野生植物名录见表 4-1。

表 4-1　邛海国家湿地公园国家重点保护野生植物名录

种名	科名	属名	保护级别	生活型	分类群
莼菜 （Brasenia schreberi）	莼菜科	莼菜属	Ⅰ	草本	被子植物
苏铁 （Cycas revoluta）	苏铁科	苏铁属	Ⅰ	乔木	裸子植物
银杏 （Ginkgo biloba）	银杏科	银杏属	Ⅰ	乔木	裸子植物
皂荚 （Gleditsia sinensis）	豆科	皂荚属	Ⅰ	乔木	被子植物
泽泻 （Alisma plantago-aquatica）	泽泻科	泽泻属	Ⅰ	草本	被子植物

种名	科名	属名	保护级别	生活型	分类群
野慈姑 （*Sagittaria trifolia*）	泽泻科	慈姑属	Ⅱ	草本	被子植物
杜鹃 （*Rhododendron simsii*）	杜鹃花科	杜鹃花属	Ⅱ	灌木	被子植物
花蔺 （*Butomus umbellatus*）	花蔺科	花蔺属	Ⅱ	草本	被子植物
千果榄仁 （*Terminalia myriocarpa*）	使君子科	榄仁树属	Ⅱ	乔木	被子植物
狼尾草 （*Pennisetum alopecuroides*）	禾本科	狼尾草属	Ⅱ	草本	被子植物
莲 （*Nelumbo nucifera*）	莲科	莲属	Ⅱ	草本	被子植物
楝 （*Melia azedarach*）	楝科	楝属	Ⅱ	乔木	被子植物
野菱 （*Trapa incsa*）	千屈菜科	菱属	Ⅱ	草本	被子植物
剑叶龙血树 （*Dracaena cochinchinensis*）	天门冬科	龙血树属	Ⅱ	乔木	被子植物
木贼麻黄 （*Ephedra equisetina*）	麻黄科	麻黄属	Ⅱ	灌木	裸子植物
黄葛树 （*Ficus virens*）	桑科	榕属	Ⅱ	乔木	被子植物
长穗桑 （*Morus wittiorum*）	桑科	桑属	Ⅱ	灌木	被子植物
白睡莲 （*Nymphaea alba*）	睡莲科	睡莲属	Ⅱ	草本	被子植物
喜树 （*Camptotheca acuminata*）	蓝果树科	喜树属	Ⅱ	乔木	被子植物
鱼尾葵 （*Caryota maxima*）	棕榈科	鱼尾葵属	Ⅱ	乔木	被子植物
玉兰 （*Yulania denudata*）	木兰科	玉兰属	Ⅱ	乔木	被子植物

种名	科名	属名	保护级别	生活型	分类群
鸢尾兰 (*Oberonia mucronata*)	兰科	鸢尾兰属	Ⅱ	草本	被子植物
樟 (*Cinnamomum camphora*)	樟科	樟属	Ⅱ	乔木	被子植物
油樟 (*Cinnamomum longepaniculatum*)	樟科	樟属	Ⅱ	乔木	被子植物
天竺桂 (*Cinnamomum japonicum*)	樟科	樟属	Ⅱ	乔木	被子植物
棕榈 (*Trachycarpus fortunei*)	棕榈科	棕榈属	Ⅱ	乔木	被子植物

4.3.1　邛海国家湿地公园国家重点保护野生植物种类分析

由表 4-1 可知，在调查到的 26 种国家重点保护野生植物中，国家Ⅰ级重点保护野生植物有莼菜、苏铁、银杏、皂荚和泽泻共 5 种，均是单科单种；国家Ⅱ级重点保护野生植物有野菱、黄葛树、喜树和鱼尾葵等 21 种，除樟科樟属有 3 种外，其余均是单科单属。莼菜、野菱、狼尾草、莲、白睡莲等几个品种在湿地中多以群落的形式分布。

4.3.2　邛海国家湿地公园国家重点保护野生植物保护级别、生活型和分类群分析

参照廖富林等（2005）对广东梅州国家重点保护野生植物的研究，对邛海国家湿地公园国家重点保护野生植物的保护级别、生活型和分类群进行统计，结果见表 4-2。保护级别体现了野生植物的地位，而生活型则是植物长久顺应外界的环境条件，对气候、土壤和生物等因子的综合反应。分析国家重点保护野生植物的保护级别和生活型，对当地的植被保护和建设具有重要价值和意义。

表4-2　邛海国家湿地公园国家重点保护野生植物保护级别、生活型和分类群

分类群	科	属	种	生活型			保护级别	
				乔木	灌木	草本	Ⅰ	Ⅱ
裸子植物	3	3	3	2	1	0	2	1
被子植物	19	21	23	12	2	9	3	20
合计	22	24	26	14	3	9	5	21

由表4-2可知，保护级别为Ⅱ级的野生植物共有21种，包含1种裸子植物和20种被子植物，分属19科19属，占邛海国家湿地公园国家重点保护野生植物总种数（以下简称总保护植物）的80.8%，保护级别为Ⅰ级的野生植物共有5种，包含2种裸子植物和3种被子植物，分属5科5属，占总保护植物的19.2%；乔木共计14种，占总保护植物的53.8%，灌木共计3种，占总保护植物的11.5%，草本共计9种，占总保护植物的34.6%；被子植物共计23种，占总保护植物的88.5%，裸子植物共计3种，占总保护植物的11.5%。由此可知，Ⅱ级保护、乔木和被子植物分别在保护级别、生活型和分类群中占优势。乔木之所以处于优势地位，是因为乔木具有较大的经济价值，主要用作木材。而且乔木往往是一个地方的建群种或者优势种，有着其他生活型植物不可替代的作用。被子植物种类较多，在分类群中占一定的优势，主要是由于其具有普遍适应性，更能抗击和适应不同的环境。

4.4　邛海国家湿地公园水生植物名录

按照园林植物的生活习性，本书将水生植物分为湿生植物、挺水植物、浮叶植物、漂浮植物、沉水植物五大类。水生植物大都具有净化污水、吸收污染物和观赏的功能，有的水生植物兼具净化、观赏、药用和食用价值，且是水体生态系统中最主要的生产者，是湿地的重要组成部分。因而对水生植物的调查研究，有利于提高湿地的景观多样性，提高湿地生态系统的经济价值和观赏效益。

4.4.1　邛海国家湿地公园水生植物科属种、生活型及种类分析

通过对邛海国家湿地公园进行实地调查和资料分析，初步统计得出湿地公园主要水生植物有48种，隶属于26科39属，分为挺水植物、浮叶植物、沉

水植物和湿生植物四大类。其中挺水植物有 11 种，分属 10 科 10 属，占邛海湿地常见水生植物的 22.9%；浮叶植物有 7 种，分属 5 科 7 属，占邛海湿地常见水生植物的 14.6%；沉水植物有 7 种，分属 4 科 6 属，占邛海湿地常见水生植物的 14.6%；湿生植物有 23 种，分属 8 科 13 属，占邛海湿地常见水生植物的 47.9%。单子叶植物共计 29 种，分属 12 科 24 属，占邛海湿地常见水生植物的 60.4%；双子叶植物共计 18 种，分属 12 科 13 属，占邛海湿地常见水生植物的 37.5%；蕨类植物仅有满江红 1 种，占邛海湿地常见水生植物的 2.1%。由此说明在邛海湿地的水生植物中，单子叶植物处于主要地位（见表 4-3）。其主要原因是单子叶植物大多数是草本植物，较其他类植物更易生长繁殖和养护。邛海国家湿地公园中的水生植物多以单一群落为主，辅以其他水生植物陪衬或搭配其中，但都为数不多，主要以睡莲群落、荷花群落、莼菜群落、菰群落、芦苇群落、水烛群落、野菱群落、荇菜群落、满江红群落为主。在湿地造景中，以单一群落为主的湿地景观比较少见，邛海国家湿地公园却以单一群落的水生植物作为主要景观，虽形成了特色，但是也一定程度上降低了湿地植物的物种多样性。

表 4-3　邛海国家湿地公园水生植物名录

种名	科名	属名	生活型	种类
蚕茧蓼 （*Polygonum japonicum*）	蓼科	萹蓄属	湿生	双子叶植物
水蓼 （*Polygonum hydropiper*）	蓼科	萹蓄属	湿生	双子叶植物
长鬃蓼 （*Polygonum longisetum*）	蓼科	萹蓄属	湿生	双子叶植物
菖蒲 （*Acorus calamus*）	菖蒲科	菖蒲属	挺水	单子叶植物
莼菜 （*Brasenia schreberi*）	莼菜科	莼菜属	浮叶	双子叶植物
慈姑 （*Sagittaria trifolia* var. *sinensis*）	泽泻科	慈姑属	挺水	单子叶植物
大薸 （*Pistia stratiotes*）	天南星科	大薸属	浮叶	单子叶植物
丁香蓼 （*Ludwigia prostrata*）	柳叶菜科	丁香蓼属	湿生	双子叶植物

种名	科名	属名	生活型	种类
黄花水龙 (*Ludwigia peploides subsp. stipulacea*)	柳叶菜科	丁香蓼属	挺水	双子叶植物
凤眼莲 (*Eichhornia crassipes*)	雨久花科	凤眼莲属	浮叶	单子叶植物
斑茅 (*Saccharum arundinaceum*)	禾本科	甘蔗属	湿生	单子叶植物
菰 (*Zizania latifolia*)	禾本科	菰属	挺水	单子叶植物
黑藻 (*Hydrilla verticillata*)	水鳖科	黑藻属	沉水	单子叶植物
粉绿狐尾藻 (*Myriophyllum aquaticum*)	小二仙草科	狐尾藻属	沉水	双子叶植物
狐尾藻 (*Myriophyllum verticillatum*)	小二仙草科	狐尾藻属	浮叶	双子叶植物
蕹菜 (*Ipomoea aquatica*)	旋花科	虎掌藤属	浮叶	双子叶植物
花蔺 (*Butomus umbellatus*)	花蔺科	花蔺属	挺水	单子叶植物
金鱼藻 (*Ceratophyllum demersum*)	金鱼藻科	金鱼藻属	沉水	双子叶植物
苦草 (*Vallisneria natans*)	水鳖科	苦草属	沉水	单子叶植物
荷花 (*Nelumbo nucifera*)	莲科	莲属	挺水	双子叶植物
空心莲子草 (*Alternanthera philoxeroides*)	苋科	莲子草属	湿生	双子叶植物
野菱 (*Trapa incisa*)	千屈菜科	菱属	浮叶	双子叶植物
垂柳 (*Salix babylonica*)	杨柳科	柳属	湿生	双子叶植物
芦苇 (*Phragmites australis*)	禾本科	芦苇属	湿生	单子叶植物

续表

种名	科名	属名	生活型	种类
马唐 （*Digitaria sanguinalis*）	禾本科	马唐属	湿生	单子叶植物
满江红 （*Azolla pinnata subsp. asiatica*）	槐叶苹科	满江红属	浮叶	蕨类植物
黄花美人蕉 （*Canna flaccida*）	美人蕉科	美人蕉属	挺水	单子叶植物
水生美人蕉 （*Canna glauca*）	美人蕉科	美人蕉属	挺水	单子叶植物
蒲苇 （*Cortaderia selloana*）	禾本科	蒲苇属	湿生	单子叶植物
千屈菜 （*Lythrum salicaria*）	千屈菜科	千屈菜属	湿生	双子叶植物
风车草 （*Cyperus involucratus*）	莎草科	莎草属	湿生	单子叶植物
纸莎草 （*Cyperus papyrus*）	莎草科	莎草属	湿生	单子叶植物
砖子苗 （*Cyperus cyperoides*）	莎草科	莎草属	湿生	单子叶植物
海菜花 （*Ottelia acuminata*）	水鳖科	水车前属	沉水	单子叶植物
水葱 （*Schoenoplectus tabernaemontani*）	莎草科	水葱属	湿生	单子叶植物
再力花 （*Thalia dealbata*）	竹芋科	水竹芋属	挺水	单子叶植物
白睡莲 （*Nymphaea alba*）	睡莲科	睡莲属	浮叶	双子叶植物
睡莲 （*Nymphaea tetragona*）	睡莲科	睡莲属	浮叶	双子叶植物
梭鱼草 （*Pontederia cordata*）	雨久花科	梭鱼草属	挺水	单子叶植物
浮萍 （*Lemna minor*）	天南星科	浮萍属	浮叶	单子叶植物

种名	科名	属名	生活型	种类
水烛 （*Typha angustifolia*）	香蒲科	香蒲属	湿生	单子叶植物
荇菜 （*Nymphoides peltata*）	睡菜科	荇菜属	浮叶	双子叶植物
眼子菜 （*Potamogeton distinctus*）	眼子菜科	眼子菜属	浮叶	单子叶植物
竹叶眼子菜 （*Potamogeton wrightii*）	眼子菜科	眼子菜属	沉水	单子叶植物
菹草 （*Potamogeton crispus*）	眼子菜科	眼子菜属	沉水	单子叶植物
泽泻 （*Alisma plantago-aquatica*）	泽泻科	泽泻属	挺水	单子叶植物
紫萍 （*Spirodela polyrhiza*）	天南星科	紫萍属	浮叶	单子叶植物
棕叶芦 （*Thysanolaena latifolia*）	禾本科	棕叶芦属	湿生	单子叶植物

4.4.2　邛海国家湿地公园水生植物分布区类型分析

按照吴征镒教授的方法，可将邛海国家湿地公园的水生植物划分为9个地理分布区类型，结果见表4-4。由表4-4可知，38属植物分属于9个分布区类型，说明邛海国家湿地公园的水生植物的地理分布区类型范围比较广泛，其中世界分布处于优势地位的有莼菜、狐尾藻、睡莲、芦苇等共计16属24种，属所占百分比为42.1%，种所占百分比为50.0%；泛热带分布的有苦草、大薸、空心莲子草等7属8种，属所占百分比为18.4%，种所占百分比为16.7%；东亚和北美洲间断分布的有菖蒲、菰、荷花等5属5种，属所占百分比为13.2%，种所占百分比为8.0%；热带亚洲和热带美洲间断分布的有凤眼莲、蒲苇、黄花美人蕉等3属4种，属所占百分比为7.9%，种所占百分比为10.4%；北温带分布的有垂柳和泽泻共2属2种，属所占百分比为5.3%，种所占百分比为4.3%；旧世界温带分布的有野菱和花蔺共2属2种，属所占百分比为5.3%，种所占百分比为4.3%；热带亚洲（印度—马来西亚）分布的仅有棕叶芦1属1种，属所占百分比为2.6%，种所占百分比为2.1%；北温带和南温带间断分布"全温带"分布的仅有慈姑 1 属 1 种，属所占百分比为 2.6%，种所占百分比为 2.1%；热带亚洲至热带大洋洲分布的也仅有黑藻 1 属 1 种，属所占百分比为 2.6%，种所占百分比为 2.1%。这表明邛海国家湿地公园水生植物的区系成分以世界分布占主要地位，泛热带成分丰富，进一步说明了这些保护植物起源于世界分布的特征。

表 4-4 邛海国家湿地公园水生植物分布区类型和数量统计

分布区类型	总属数	属所占百分比（%）	总种数	种所占百分比（%）
世界分布	16	42.1	24	50.0
泛热带分布	7	18.4	8	16.7
东亚和北美洲间断分布	5	13.2	5	8.0
热带亚洲和热带美洲间断分布	3	7.9	4	10.4
北温带分布	2	5.3	2	4.3
旧世界温带分布	2	5.3	2	4.3
热带亚洲（印度—马来西亚）分布	1	2.6	1	2.1
北温带和南温带间断分布"全温带"	1	2.6	1	2.1
热带亚洲至热带大洋洲分布	1	2.6	1	2.1
合计	38	100	48	100

4.4.3 邛海国家湿地公园水生植物构成分析

根据水生植物不同的生长环境，将其划分为湿生植物 8 科 13 属 17 种，占植物总种数的 35.4%，其中分布最多的是空心莲子草和芦苇；浮叶植物 12 科 12 属 13 种，占植物总种数的 27.1%，其中种植最多的是睡莲和满江红；挺水植物 9 科 10 属 11 种，占植物总种数的 23.0%，其中种植最多的是荷花；沉水植物 4 科 6 属 7 种，占植物总种数的 14.5%，其中分布最多的是苦草和竹叶眼子菜（见表 4-5）。由此可以看出，邛海国家湿地公园的水生植物以湿生植物为主，浮叶植物和挺水植物次之。湿生植物所占比例较大，主要是因为其特殊的生活型，即既可以在浅水区域生长，也可以在常年潮湿的土壤中生存。例如，在邛海中以群落形式分布的芦苇，其根茎不仅可以入药、造纸，还能净化污水。挺水植物和浮叶植物比例相当，是因为浮叶植物是净化污水能力最强的植物，挺水植物的花叶具有较高的观赏价值。沉水植物所占比例较小，是因为沉水植物主要是水体中的生产者，观赏价值较浮叶植物和挺水植物低。邛海国家湿地公园选择湿生、浮叶、挺水和沉水四类植物搭配种植，既增强了湿地的景观效果，又从多个方面发挥了植物的生物学特性恢复水体生态，同时也很好地利用了湿地植物的经济价值、药用价值和生态价值。

表 4-5　邛海国家湿地公园水生植物构成

类别	科	属	种	占水生植物总种数的百分比（%）
湿生	8	13	17	35.4
浮叶	12	12	13	27.1
挺水	9	10	11	23.0
沉水	4	6	7	14.5
合计	33	41	48	100

4.5　邛海国家湿地公园入侵植物名录

入侵植物是指从其自然分布区（可以是本国的其他地区，也可以是其他国家地区）即特定地生态系统中，通过有意或无意的其他途径而被引入，并可以在当地的自然或半自然的生态系统中生长和繁殖，侵占本地物种的生长空间和资源，同时给本地物种的生长和繁殖带来明显损害和影响的植物。为了更好地了解邛海国家湿地公园入侵植物的现状，经实地调查、资料搜集和整理后，对其入侵植物的种类组成、生活型、引入途径、生存现状及原产地等进行分析。

邛海国家湿地公园入侵植物名录见表 4-6。

表 4-6　邛海国家湿地公园入侵植物名录

科名	种名	属名	生活型	原产地	入侵途径	比例（%）
莼菜科（Cabombaceae）	竹节水松（*Cabomba caroliniana*）	水盾草属	草本	南美洲	II	3.1
大戟科（Euphorbiaceae）	蓖麻（*Ricinus communis*）	蓖麻属	灌木	非洲	II	3.1
豆科（Fabaceae）	白车轴草（*Trifolium repens*）	车轴草属	草本	欧洲、北非	II	3.1

续表

科名	种名	属名	生活型	原产地	入侵途径	比例（%）
禾本科 （Poaceae）	牛筋草 （*Eleusine indica*）	穆属	草本	印度	UI	6.3
	野燕麦 （*Avena fatua*）	燕麦属	草本	南欧	UI	
槐叶苹科 （Salviniaceae）	满江红 （*Azolla pinnata subsp. asiatica*）	满江红属	蕨类	美洲	II	3.1
菊科 （Asteraceae）	百日菊 （*Zinnia elegans*）	百日菊属	草本	墨西哥	II	34.4
	一年蓬 （*Erigeron annuus*）	飞蓬属	草本	热带美洲	UI	
	大花金鸡菊 （*Coreopsis grandiflora*）	金鸡菊属	草本	南美洲	II	
	剑叶金鸡菊 （*Coreopsis lanceolata*）	金鸡菊属	草本	北美洲	II	
	两色金鸡菊 （*Coreopsis tinctoria*）	金鸡菊属	草本	美国中西部	II	
	牛膝菊 （*Galinsoga parviflora*）	牛膝菊属	草本	南美洲	UI	
	波斯菊 （*Cosmos bipinnatus*）	秋英属	草本	墨西哥、巴西	II	
	硫黄菊 （*Cosmos sulphureus*）	秋英属	草本	墨西哥	II	
	万寿菊 （*Tagetes erecta*）	万寿菊属	草本	墨西哥	II	
	紫茎泽兰 （*Ageratina adenophora*）	紫茎泽兰属	草本或半灌木	墨西哥	UI	
	鬼针草 （*Bidens pilosa*）	鬼针草属	草本	热带美洲	UI	
马鞭草科 （Verbenaceae）	假连翘 （*Duranta erecta*）	假连翘属	灌木	热带美洲	II	6.3
	马缨丹 （*Lantana camara*）	马缨丹属	灌木	热带美洲	II	
莎草科 （Cyperaceae）	风车草 （*Cyperus involucratus*）	莎草属	草本	非洲	II	3.1
桃金娘科 （Myrtaceae）	桉 （*Eucalyptus robusta*）	桉属	乔木	澳大利亚	II	3.1
天南星科 （Araceae）	大藻 （*Pistia stratiotes*）	大藻属	草本	热带美洲	II	3.1

科名	种名	属名	生活型	原产地	入侵途径	比例（%）
苋科 (Alternanther)	空心莲子草 (*Alternanthera philoxeroides*)	莲子草属	草本	巴西	II	12.5
	刺花莲子草 (*Alternanthera pungens*)	莲子草属	草本	南美洲	UI	
	绿苋 (*Amaranthus viridis*)	苋属	草本	热带非洲	UI	
	土荆芥 (*Dysphania ambrosioides*)	腺毛藜属	草本	热带美洲	UI	
小二仙草科 (Haloragaceae)	粉绿狐尾藻 (*Myriophyllum aquaticum*)	狐尾藻属	草本	欧洲	II	3.1
旋花科 (Convolvulaceae)	圆叶牵牛 (*Ipomoea purpurea*)	虎掌藤属	草本	热带美洲	II	3.1
雨久花科 (Pontederiaceae)	凤眼莲 (*Eichhornia crassipes*)	凤眼莲属	草本	北美、非洲、亚洲、大洋洲	II	3.1
紫茉莉科 (Nyctaginaceae)	叶子花 (*Bougainvillea spectabilis*)	叶子花属	灌木	巴西	II	6.3
	紫茉莉 (*Mirabilis jalapa*)	紫茉莉属	草本	热带美洲	II	
酢浆草科 (Oxalidaceae)	酢浆草 (*Oxalis corniculata*)	酢浆草属	草本	热带美洲	II	3.1

注：II表示有意引入，UI表示无意引入。

4.5.1 邛海国家湿地公园入侵植物种类组成、生活型、引入途径及原产地分析

对邛海国家湿地公园的调查结果表明，邛海国家湿地公园有外来入侵植物32种，隶属于16科28属，其中菊科最多，有11种8属，占入侵植物总种数的34.4%；其次是苋科，有4种3属，占入侵植物总种数的12.5%；禾本科、马鞭草科、紫茉莉科各2种，占入侵植物总种数的6.3%；其余各科即莼菜科、大戟科、豆科、槐叶苹科、莎草科、桃金娘科、天南星科、酢浆草科、小二仙草科、旋花科、雨久花科均为1种，各占入侵植物总种数的3.13%。菊科植物处于优势地位，大量入侵的主要原因是菊科植物构造的特殊性，其种类繁多，易于传播和繁殖，并且菊科植物的种子还具有休眠性，能抵抗外界不良环境的迫害。部分菊科植物具有有性繁殖和营养繁殖两种繁殖方式，增强了其对环境的适应性，提高了生存能力。邛海国家湿地公园的入侵植物以草本植物

为主，有 25 种，占入侵植物总种数的 78.1％；灌木有 5 种，占入侵植物总种数的 15.6％；乔木和蕨类植物最少，均只有 1 种，各占入侵植物总种数的 3.1％。入侵植物多为草本植物，主要原因可能是草本植物的寿命短、适应能力强、种子多且容易传播繁殖、不易彻底清理等特征，从而具有明显的竞争优势。32 种入侵植物中，有 23 种是有意引入的，作为观赏植物引入的居多，其次是作为猪饲料引入的；有 9 种是无意引入的。总体看来，邛海国家湿地公园的入侵植物大多数是为了满足观赏性而种植的。在所调查到的 32 种入侵植物中，原产地以热带美洲为主，有 9 种，占 28.1％；其次为原产地为墨西哥的，有 5 种，占 15.6％。导致这一现象的原因，可能是原产于美洲的植物具有对亚洲气候的适应性，因此相较其他入侵植物更能适应中国的生境。而且邛海又是亚热带气候，更适宜草本植物的生存繁衍。因此，在对外来植物进行引种时，可以多留意原产于热带美洲的植物。

4.5.2　邛海国家湿地公园入侵植物现状分析

经本章调查统计，虽然邛海国家湿地公园大部分入侵植物是作为观赏植物被引入的，但也有部分入侵植物对当地的生态和环境造成了一定程度的影响，如空心莲子草、大藻、满江红等。满江红群落形成了特定的风景，但以满江红群落为主体的景观地带，几乎无其他水生植物生长，并且水体混浊。而且，部分满江红还入侵了荇菜和莼菜等水生植物的生长地。由此说明，满江红虽然作为景观植物，却在一定程度上侵入了其他湿地植物的生存空间。空心莲子草不仅在当地被视作一种恶性入侵植物，也属世界十大恶性入侵植物，许多景观地带空心莲子草生长繁茂，导致乔灌植物枯萎，草本植物几乎不能生长。在调查中了解到，大藻曾经也作为一种恶性入侵植物严重破坏了邛海当地的生态环境，经过多次打捞，曾一度消失。但此次调查又在邛海湿地水体中发现有大藻生长，且数量可观。马缨丹和凤眼莲都属于恶性入侵植物，马缨丹能适应任何土壤环境，并且具有毒性，无论是人类还是动物，如误食均会引起中毒；凤眼莲被认为是目前繁殖能力最强最快的水生杂草之一，能在水体中疯长，严重迫害其他生物的生存，改变群落结构，破坏生态平衡。就目前的调查结果来看，马缨丹和凤眼莲在邛海国家湿地公园中的数量不多，危害相对较小。但根据两种植物的生物学特性，建议尽早防治和防范。其他入侵植物除作为观赏植物而种植的，都为数不多，但也应留意其近几年的生长繁殖趋势，避免造成恶性入侵。邛海国家湿地公园面积广阔，而入侵植物的空间分布不均，以远离步行道的地方居多，并且种类多。部分入侵植物数量不多、植株小，混杂在其他植物群落中，不易被发现，这也导致对其难于防范和清理。

4.6 邛海国家湿地公园乡土树种名录

乡土树种、本地树种、土著树种、本土树种是一组同义术语，以乡土树种一词使用最普遍。乡土树种一词的表意性很强，但对于这个词学术界一直没有明确的定义。笔者参照田志慧、乐莺、陈文德、王俊杰、陆庆轩等对乡土树种的辨析及定义，和《中国林业辞典》《农业大词典》对乡土树种的定义，将其定义为：一个地区内，非人类活动直接或间接引入，能够在当地自然发生、自然生长，对原产地环境具有天然适应性的植物；或者同一植物区系内自然生长的树木。由于乡土树种对于当地的地理条件和环境气候非常适应，其生长与当地的环境、气候、土壤等形成平衡状态，因此，乡土树种比外来树种和归化树种具有更强的适应性和抵抗力，在植物造景、抗逆性、抗病虫害等方面更具优势，造林活动也更容易成功。因而对乡土树种的调查研究有利于当地特色景观的建设（即建造以乡土树种为主题的特色景观），还有利于降低外来树种入侵的风险，节约造景成本，保护物种多样性。

4.6.1 邛海国家湿地公园乡土树种资源科属组成分析

据对邛海国家湿地公园调查的不完全统计，邛海国家湿地公园有乡土树种38种，分属29科38属。其中以禾本科最多，共有5种，占乡土树种总种数的13.2%。其中含2~3种植物的寡科有4科，分别是桑科、泽泻科、杨柳科、豆科，其中桑科3种，其余各科各2种；桑科占乡土树种总种数的7.9%，其余科各占乡土树种总种数的5.3%。大麻科、锦葵科、使君子科、千屈菜科等单科植物共24科，各占乡土树种总种数的2.6%。乡土树种在属的组成上，全为单属种，共计38个单属种。由此可见，邛海国家湿地公园的乡土树种地理成分较复杂。邛海国家湿地公园乡土树种名录见表4-7。

表 4-7　邛海国家湿地公园乡土树种名录

种名	科名	属
斑茅 （*Saccharum arundinaceum*）	禾本科	甘蔗属
凤尾竹 （*Bambusa multiplex f. fernleaf*）	禾本科	簕竹属
狗尾草 （*Setaria viridis*）	禾本科	狗尾草属
芦苇 （*Phragmites australis*）	禾本科	芦苇属
水竹 （*Phyllostachys heteroclada*）	禾本科	刚竹属
构树 （*Broussonetia papyrifera*）	桑科	构属
黄葛树 （*Ficus virens* var. *sublanceolata*）	桑科	榕属
桑 （*Morus alba*）	桑科	桑属
慈姑 （*Sagittaria trifolia* var. *sinensis*）	泽泻科	慈姑属
泽泻 （*Alisma plantago-aquatica*）	泽泻科	泽泻属
合欢 （*Albizia julibrissin*）	豆科	合欢属
羊蹄甲 （*Bauhinia purpurea*）	豆科	羊蹄甲属
垂柳 （*Salix babylonica*）	杨柳科	柳属
四季杨 （*P. Canadensis*）	杨柳科	杨属
杜鹃 （*Rhododendron simsii*）	杜鹃花科	杜鹃花属
鹅掌柴 （*Schefflera heptaphylla*）	五加科	南鹅掌柴属
枫杨 （*Pterocarya stenoptera*）	胡桃科	枫杨属

种名	科名	属
花椒 （*Zanthoxylum bungeanum*）	芸香科	花椒属
蜡梅 （*Chimonanthus praecox*）	蜡梅科	蜡梅属
榄仁树 （*Terminalia catappa*）	使君子科	榄仁树属
栾树 （*Koelreuteria paniculata*）	无患子科	栾属
马齿苋 （*Portulaca oleracea*）	马齿苋科	马齿苋属
麦冬 （*Ophiopogon japonicus*）	天门冬科	沿阶草属
木槿 （*Hibiscus syriacus*）	锦葵科	木槿属
枇杷 （*Eriobotrya japonica*）	蔷薇科	枇杷属
朴树 （*Celtis sinensis*）	大麻科	朴属
秋海棠 （*Begonia grandis*）	秋海棠科	秋海棠属
十大功劳 （*Mahonia fortunei*）	小檗科	十大功劳属
石榴 （*Punica granatum*）	千屈菜科	石榴属
柿 （*Diospyros kaki*）	柿科	柿属
卫矛 （*Euonymus alatus*）	卫矛科	卫矛属
小叶女贞 （*Ligustrum quihoui*）	木樨科	女贞属
盐肤木 （*Rhus chinensis*）	漆树科	盐麸木属
艳山姜 （*Alpinia zerumbet*）	姜科	山姜属

种名	科名	属
银杏 （*Ginkgo biloba*）	银杏科	银杏属
玉兰 （*Yulania denudata*）	木兰科	玉兰属
鸢尾 （*Iris tectorum*）	鸢尾科	鸢尾属
枣 （*Ziziphus jujuba*）	鼠李科	枣属

4.6.2　邛海国家湿地公园乡土树种资源分布及应用分析

随着邛海国家湿地公园的不断建设和发展，已经逐渐忽略了乡土树种对邛海湿地建设的影响和价值。就本章调查期间而言，邛海国家湿地公园应用最为广泛的乡土树种有黄葛树和芦苇两种。黄葛树一般沿着绿道种植，部分树龄较大，有些甚至已有逾百年的树龄，形成了一道特色的风景线。而芦苇则成片种植于水中，有单独的生长区域。秋冬季节，芦苇飘荡，景色宜人。黄葛树喜阳光，有气生根，适应能力特别强，西昌市的气候非常适合黄葛树的生长。加上其寿命长、树形大，无论是孤植还是群植都很适宜为游人提供休憩、纳凉的场所，因此是园林造景的理想树种。黄葛树的根叶都可入药，药用价值较高。芦苇能净化污水，提供造纸的原材料，加上其茎秆有力、植株高大，迎风摇曳，妙趣横生。除此二者之外，其余乡土树种均零散分布，数量较少，有的甚至几近消失。有的观赏性和造景性较强的树种，如银杏、玉兰、木槿等，在湿地公园中都为数不多。所调查到的乡土树种中，观花类主要有杜鹃、合欢、蜡梅和木槿等，此类植物花开艳丽、夺目迷人，是良好的景观配置植物。观叶类主要有黄葛树、鹅掌柴、枫杨、朴树、四季杨等，此类植物皆属高大乔木类，枝叶繁茂，是行道树或群落上层配置植物的首选。除此之外，还有像玉兰一类既可观花又可观叶的植物。利用好乡土树种资源，不仅可以为当地的生态效益做出较大贡献，节约园林绿化和造景的成本，还可以形成特色景观，凸显地方特色。

4.7 邛海国家湿地公园植物典型样方群落评价

本章调查参照王俊对城市园林绿地植物群落评价指标体系的构建,确定邛海国家湿地公园典型样方植物群落的评价指标为生长状况、净化效果、生态效益、物种丰富度、季相变化,各评价指标等级见表4-8~表4-12。

表4-8 典型样方群落生长状况等级

生长状况	等级
生长茂盛,无病虫害	****
生长一般,轻度病虫害	***
生长不好,中度病虫害	**
生长较差,病虫害较严重	*

表4-9 典型样方群落净化效果等级

净化效果	等级
净化效果较好,水清澈透明	****
净化效果一般,水清澈度一般	***
净化效果差,水污染严重	**
净化效果极差,水污染加重	*

表4-10 典型样方群落生态效益等级

生态效益	等级
生态效益好,可利用资源多	****
生态效益一般,可利用资源较少	***
生态效益差,无可利用资源	**
生态效益极差,消耗资源	*

表4-11 典型样方群落物种丰富度等级

物种丰富度	等级
物种丰富度高,多种植物搭配	****
物种丰富度一般,植物种类有限	***

续表

物种丰富度	等级
物种丰富度差，植物种类少	**
物种丰富度极差，仅一种或两种植物	*

表 4-12　典型样方群落季相变化等级

季相变化	等级
四季变化，色彩丰富	****
有 2~3 个季节有季相变化，色彩较丰富	***
季相变化不明显，色彩单调	**
无季相变化或季相变化难以辨别	*

4.7.1　荷花群落

本章调查选取的样方的荷花群落如图 4-1 所示，其评价结果见表 4-13。从整体来看，群落中的植物长势较好，无病虫害，水体清澈透明，可见净化污水效果好，生态修复价值高。荷花可供观赏、净水，也可食用，生态效益佳。荷花群落是以荷花这种挺水植物为特色的群落，没有与其他植物相互搭配种植，因而物种丰富度偏低，没有明显的季相变化。荷花花期为 6—8 月，果期为 8—10 月，3 月开始长叶，可观赏月份为 3—10 月，在初春和冬季植株枯萎，不具有观赏性；秋冬季节，残枝败叶直接进入水体，一定程度上会影响美观和污染水体。

图 4-1　荷花群落

图 4-1（续）

表 4-13　荷花群落评价结果

分析项目	生长状况	净化效果	生态效益	物种丰富度	季相变化
等级	****	****	****	**	*

4.7.2　睡莲群落

　　本章调查选取的样方的睡莲群落如图 4-2 所示，其评价结果见表 4-14。从整体来看，睡莲在群落中生长茂盛，没有病虫害，水体也清澈透明，由此可见，睡莲群落能够很好地净化水体，防止水体富营养化。睡莲是一种浮叶植物，不仅具有较高的观赏性，还能修复水体，生态效益好。但是群落中仅睡莲一种植物，物种丰富度低，缺少季相变化。睡莲于 3 月萌发长叶，5—8 月开花，10 月之后茎叶开始枯萎，可观赏月份为 3—9 月；初春和秋冬季没有观赏性，枯萎的茎叶在水体中腐败，一定程度上会影响美观，破坏环境。

图 4-2　睡莲群落

图 4-2（续）

表 4-14　睡莲群落评价结果

分析项目	生长状况	净化效果	生态效益	物种丰富度	季相变化
等级	****	****	***	**	*

4.7.3　野菱群落

本章调查选取的样方的野菱群落如图 4-3 所示，其评价结果见表 4-15。群落中的野菱成片分布于邛海近岸区和浅水区域，并且对野菱的生长设置了界限，从而保障了野菱的生长地和其他生物的生存地带。野菱在邛海国家湿地公园中生长茂盛，叶和果均漂浮于水面上，观赏价值高，所在之处水体无明显污染现象。野菱群落不仅具有观赏价值还具有药用价值，可见生态效益高。但此处仅有野菱一种植物，物种丰富度低，无季相变化。野菱花期为 7—8 月，果期为 10 月，仅在花果叶期具有观赏价值，枯萎过后会影响美观和水体澄清度。

图 4-3　野菱群落

图4-3（续）

表4-15　野菱群落评价结果

分析项目	生长状况	净化效果	生态效益	物种丰富度	季相变化
等级	****	****	****	**	*

4.7.4　茭群落

本章调查选取的样方的茭群落如图4-4所示，评价结果见表4-16。群落中主要有茭和水烛两种植物，但茭占据了明显的优势，可见茭在此处生长非常好；水体无明显污染，净化效果一般。茭具有食用价值、营养保健价值和药用价值，能为鱼类提供越冬的场所，同时也是优良的饲料，说明其带来了较高的生态效益。整个群落只有两种植物，物种丰富度偏低，季相变化不明显。茭群落是邛海国家湿地公园中少见的以农作物作为景观而形成的植物群落，也是目前湿地公园造景中应用较少的植物，从而形成了邛海湿地的一个特色景观。

图4-4　茭群落

图 4－4（续）

表 4－16　茭群落评价结果

分析项目	生长状况	净化效果	生态效益	物种丰富度	季相变化
等级	****	***	****	**	**

4.7.5　满江红群落

本章调查选取的样方的满江红群落如图 4－5 所示，其评价结果见表 4－17。群落生长较好，很好地适应了邛海湿地的地理环境。满江红作为一个群落，漂浮于水面上，远远望去甚是迷人，观赏价值较高。另外，满江红可以作为一种精良的生物肥源用于稻田增肥，并且可以作为鱼类的饵料。但是其生长期短、繁殖快，已经突破原有生长地，入侵到周围其他水域。群落中仅有满江红一种植物是人工种植的，其他为数不多零散分布的植物属于意外引入，因而群落景观结构较单一，物种多样性较弱，缺少季相变化。满江红群落生长繁茂的水体污染较严重，在湿地公园中大面积种植需要及时养护管理，以免造成泛滥，导致生态效益降低、生态失衡。

图 4－5　满江红群落

图 4-5（续）

表 4-17　满江红群落评价结果

分析项目	生长状况	净化效果	生态效益	物种丰富度	季相变化
等级	****	**	*	**	*

4.7.6　莼菜群落

本章调查选取的样方的莼菜群落如图 4-6 所示，其评价结果见表 4-18。群落中主要有莼菜、垂柳和芦苇，莼菜在群落中属于优势物种，长势极好。群落所在之处水体清澈透明，说明具有良好的净水效果。莼菜很好地适应了邛海国家湿地公园的环境，可利用这一特点对其进行品种复壮研究，以期获得更好的生态效益。群落的物种丰富度较好，植物种类有限，有 2~3 个季节有季相变化，色彩相对丰富。

图 4-6　莼菜群落

图 4—6（续）

表 4—18　莼菜群落评价结果

分析项目	生长状况	净化效果	生态效益	物种丰富度	季相变化
等级	****	****	****	***	***

4.7.7　大藻群落

本章调查选取的样方的大藻群落如图 4—7 所示，其评价结果见表 4—19。群落中主要有大藻和芦苇两种植物，二者比例相当。其中芦苇是挺水植物，大藻是浮叶植物。大藻作为恶性入侵植物，生长快、产量高，爆发后难于清理，仅能依靠人工打捞，治理起来极为困难。虽然大藻具有生物肥源和饲料的价值，但控制和管理不当会严重危害湿地的生态平衡和生态环境，因而大藻群落需勤管理，以维持水面景观和生态效益，否则会造成很大危害。大藻群落物种丰富度差，季相变化不明显。

图 4—7　大藻群落

109

表 4-19   大藻群落评价结果

分析项目	生长状况	净化效果	生态效益	物种丰富度	季相变化
等级	***	*	*	*	*

4.7.8   芦苇群落

本章调查选取的样方的芦苇群落如图 4-8 所示，其评价结果见表 4-20。群落中芦苇占据了主要的优势，还搭配有为数不多的风车草；芦苇生长集中的区域无其他植物。芦苇在邛海国家湿地公园中长势较好，因特殊的结构，除了为邛海湿地带来观赏价值，为鸟类提供栖息地，还固岸固堤，为造纸业提供原材料，生态效益较高。但芦苇群落物种丰富度低，季相变化不明显。芦苇一般于 4 月发芽，11 月以后落叶，观赏期集中在 4—11 月，无论是生长期还是开花期，都有很高的观赏价值，能吸引较多的游客。11 月落叶以后，只有茎秆立于水中，景象较荒凉。

图 4-8   芦苇群落

表 4－20　芦苇群落评价结果

分析项目	生长状况	净化效果	生态效益	物种丰富度	季相变化
等级	****	****	****	**	**

4.7.9　荇菜群落

本章调查选取的样方的荇菜群落如图 4－9 所示，其评价结果见表 4－21。群落仅有荇菜一种植物，集中分布在邛海的近岸区和浅水区，有自己的生长空间，无病态和虫害。荇菜的叶片漂浮在水面上，夏季花开繁茂，花朵立于水面，无论是近看还是远观，都很美丽。常有工作人员对荇菜群落进行管理和打捞，观赏性高。荇菜所在之处水体清澈透明，说明其净化水体效果明显。而荇菜又为当地带来了绿化观赏价值和药用价值，生态效益好。此处虽然物种多样性较弱，季相变化不明显，但在生长季节也为邛海增添了美丽与生气；枯败后及时清理，也不会影响整体美观。

图 4－9　荇菜群落

表 4-21　荇菜群落评价结果

分析项目	生长状况	净化效果	生态效益	物种丰富度	季相变化
等级	****	****	****	**	*

4.7.10　黄花水龙群落

本章调查选取的样方的黄花水龙群落如图 4-10 所示，其评价结果见表 4-22。群落中主要有黄花水龙和菖蒲两种植物，菖蒲为数不多，可能是无意带入的。整体看来，群落中的黄花水龙长势非常好，没有病虫害，有较好的绿化价值和净水效果。黄花水龙生长快速，不仅可以作为绿化植物，还对导致水体富营养化的氮、磷等物质去除效果显著，可用于净化水体、修复环境。黄花水龙花期为 5—8 月，果期为 9—10 月，有一定的观赏性。但群落的物种多样性较低，季相变化不明显。

图 4-10　黄花水龙群落

表 4－22　黄花水龙群落评价结果

分析项目	生长状况	净化效果	生态效益	物种丰富	季相变化
等级	****	****	****	**	*

4.7.11　空心莲子草群落

　　本章调查选取的样方的空心莲子草群落见图 4－11，其评价结果见表 4－23。空心莲子草和剑叶龙血树、棕榈等植物共同构成群落的垂直结构，群落中的空心莲子草长势极好，几乎没有其他草本植物与其竞争生长空间；此处是否曾生长有其他草本植物还有待考证。群落中其他两种乔灌植物长势较差，其枝叶欠缺打理也从一定程度上影响了群落的美观。群落整体物种丰富度一般，有季相变化。空心莲子草作为恶性入侵植物，此群落若不及时介入管理、维护，仅存的两种乔灌植物的生长会受到严重影响，而且会扩大区域侵害，进而影响生态环境和视觉美感。

图 4－11　空心莲子草群落

表 4-23　空心莲子草群落评价结果

分析项目	生长状况	净化效果	生态效益	物种丰富度	季相变化
等级	****	*	*	***	***

4.8　优化建议

4.8.1　邛海国家湿地公园国家重点保护野生植物优化建议

本书调查期间发现，邛海国家湿地公园国家重点保护野生植物的资源保护和利用还不够到位，没有发挥好孑遗植物的优势和特殊作用。

国家重点保护野生植物在公园造景和植物群落景观构造方面有一定价值，加强对相关植物的管理和保护，不仅有利于野生植物资源基因遗传信息的保存，还有利于生物多样性的维护。而且，邛海国家湿地公园内生长的孑遗植物有利于对物种起源与进化、生物多样性的研究。受人为活动的干扰，部分植物长势不好，数量屈指可数，建议加强人工管理和保护，同时加强科教宣传工作。例如，有效利用邛海边上的 LED 显示屏播报与之相关的知识、价值效益，对这些植物进行挂牌等。邛海国家湿地公园五棵榕处游人和休闲人士较多，常聚集在树下乘凉聊天，而此处的黄葛树已有逾百年的历史，更应该加强保护。除此之外，建立邛海国家重点保护野生植物信息系统，有利于对濒危种、稀少种的保护和繁育。对于孑遗植物，可适当增加种植面积和数量。例如，根据植物对阳光的需求，建立群落的垂直结构，抑或根据地形、土壤湿度等建立群落的水平结构，充分利用邛海湿地的自然资源。

4.8.2　邛海国家湿地公园水生植物优化建议

本书调查期间发现，邛海国家湿地公园中的水生植物以单一群落为主，这样虽是一种特色，但缺乏景观多样性和物种多样性，也缺少季相的变化或季相变化不明显。建议可根据西昌市的气候和水生植物的观赏价值、观赏部位、花色、生活型等进行搭配，增加邛海国家湿地公园中水生植物群落的物种多样性，使湿地四季皆有可观赏的水生植物景观，增加湿地的生气。水生植物中有一些属于国家重点保护野生植物，如莼菜、泽泻、野菱等；有一些具有药用价值，如满江红、菰等；还有一些观赏性较高，如莲、白睡莲、花蔺等。可见，邛海湿地范围的水生植物具有较大的经济价值，可根据要求适当改造和利用，从整体上提高经济效益和观赏价值。目前，园林造景方面应用得比较多的有莲、睡莲、再力花、泽泻、风车草、梭鱼草、水生美人蕉等观赏价值较高的水生植物，而利用当地气候优势以及野生水生植物资源，邛海国家湿地公园形成了特有的莼菜群落、野菱群落、菰群落、黄花水龙群落等。此外，可考虑引进其他一些观赏价值和净水价值均较高的水生植物，以增强邛海国家湿地公园水生植物的物种丰富度。

4.8.3　邛海国家湿地公园入侵植物优化建议

入侵植物的存在会严重危害当地的生态环境和生态平衡，有的入侵植物虽是作为观赏植物而引入的，但却在一定程度上破坏了生态环境。

本书调查结果表明，自然条件以及人类活动的干扰共同决定了生物入侵的发生。植物入侵初期，人类活动是主要影响因素，后期则当地自然气候和地理条件为主要影响因素。像空心莲子草一类的恶性入侵植物，应及时清理、多次清理、随时监控，以防止其大面积二次暴发。其他为数不多的入侵植物也应该引起重视，避免大面积生长繁殖，侵占其他植物的生长空间。水生植物中存在一些入侵种，如满江红、大藻、凤眼莲等，这一类都属于恶性入侵植物，很容易对其他植物的生长和繁殖造成迫害。对于此类恶性入侵植物，应该加强管理，定期、多次清理。尽管满江红在邛海国家湿地公园中是作为景观植物存在的，但也应该对数量进行控制。对于经多次清理使数量得到控制了的恶性入侵植物，也应进行动态监控。

4.8.4　邛海国家湿地公园乡土树种优化建议

本书调查期间发现，在邛海国家湿地公园的乡土树种中仅有黄葛树和芦苇长势较好，其余大部分数量不多，呈零星分布。一些观赏性较强、价值较高的树种也没有发挥出优势。

乡土树种相对其他树种具有更强的适应性，建议可筛选出观赏性更佳的种类作为邛海国家湿地公园生态恢复建设树种；有效利用乡土树种的优势来控制入侵植物的生长繁殖；在充分了解乡土树种分布特征、区系特征、生活型、生态位、生态型及生物学特征等的基础上构建水平结构和垂直结构上的景观特征；利用乡土树种生活型、花期、花色和观赏部分的差异，将不同特点和特性的乡土树种进行搭配种植，构建不同季相、不同花色的景观生态群落，有效提高乡土树种的利用率和景观价值，形成邛海国家湿地公园一道特色风景线。

4.9 结论

本章调查统计得出邛海国家湿地公园中常见植物有 241 种，包含野生种和栽培种，隶属于 81 科 171 属；包含国家重点保护野生植物 26 种，水生植物 48 种，入侵植物 32 种，乡土树种 39 种。本章对四类植物进行调查与分析，得到了如下结论：

（1）邛海国家湿地公园有着丰富的植物资源，并且在进行生态恢复建设时大量保留了原有植被，通过对原有植被的养护和改造，形成了当地特色景观。

（2）邛海国家湿地公园水生植物具有较好的景观价值和生态效益，不仅能够净化水体，有的还具有食用价值、药用价值。但从整体上看，景观多样性较弱，水生植物大多以单一群落为主（主要是荷花、莼菜、荇菜、菰、睡莲、芦苇等 10 种），没有形成随季相变化的景观或景观季相变化不明显。

（3）对国家重点保护野生植物和乡土树种的合理保护、利用及管理不到位，使得国家重点保护野生植物和大部分乡土树种分布零散，部分植物种（如银杏、皂荚、楝等）数量极少，没有充分发挥生态优势。

（4）部分区域入侵植物肆虐（主要为空心莲子草），已经严重影响该区域其他植物的生存。对入侵植物的管理和清理不到位，没有及时监测入侵植物的动态变化，致使一些入侵植物阻碍了同一群落中其他植物种类的生长。

（5）部分植物虽不起眼，但却有很高的利用价值，如黄花水龙这一类具有极好净化水体作用的植物，是水环境的标志植物，具有发展成湿地生态修复植物的潜能；莼菜很好地适应了邛海当地的自然地理环境，可以利用这一点对莼菜进行品种提纯和复壮；对于孑遗植物，要做好保护工作，增加其数量，利用好其价值。

（6）合理利用乡土树种和国家重点保护野生植物，增强邛海国家湿地公园的植物资源，为更多鸟类提供栖息地。加强对邛海国家湿地公园的建设和管理，随时监测物种的数量变化和生长情况，以提高邛海国家湿地公园的物种多样性和生态环境的稳定性。

（7）在邛海国家湿地公园中增设针对植物种类的科教宣传栏或标示牌，以更好地发展湿地生态旅游文化。

第5章　成都市8个湿地公园
水生观赏植物应用评价

为了更好地掌握水生观赏植物在城市湿地的应用现状，更合理地运用水生植物资源，本章通过查阅文献、实地调查、典型取样、咨询专家等方法，以8个湿地公园为调查对象，开展水生观赏植物应用调查研究。本章调查时间为2021—2022年。

水生观赏植物可以美化水面，丰富水域造景，具有较高的观赏价值。在园林水体景观设计中，水生观赏植物占据着越来越重要的位置。此外，水生观赏植物具有水体产氧、氮循环、吸附沉积物、减缓有毒污染物、提高水体自净能力、为水生动物和微生物提供栖息地和食物源、维持物种多样性等重要生态功能。

5.1　国内外研究现状

湿地素来有"地球之肾"的美誉，而水生观赏植物是湿地园林绿化中的重要组成部分。城市湿地对城市的可持续发展起着重要作用，不论国内还是国外都将湿地系统建设列为城市生态中不可或缺的部分。查阅文献资料可知，国外学者在水生植物区系地理、群落、植被及水生植物与环境的关系等方面做了大量工作，目前主要是针对城市湿地生态系统要素、城市生态系统功能和城市湿地规划管理的研究，以及对城市湿地的定义问题、对城市湿地的多要素、对水生植物的生态功能和环境效应等的研究。

国内对水生观赏植物的系统分工工作起步较晚，但至今也取得了不少研究成果。不少学者的研究侧重于水生观赏植物的资源调查、园林绿化、多样性与保护等方面，此外还有湿地公园的水资源状况、水生观赏植物对水质生态环境的微观与宏观影响（微观影响主要是对水生观赏植物生长环境的微量元素等的测量，以构建水质环境监控指标，宏观影响是研究其群落特征、园林应用等，后者研究结果相比前者略少)。关于四川省湿地公园水生观赏植物的文献并不多,只有少数涉及水环境及水生植物生态功效研究,关于城市水生植物的研究则更少。

5.2 研究目的与意义

水生观赏植物已经广泛应用于城市绿化,合理配置不同种类的水生观赏植物,可以塑造优美独特的观赏植物群落景观,以提高园林的景观功能。然而现阶段,在园林造景中仍存在景观配置不佳、植物养护不足、环境适应性等问题。本章利用生物多样性对植物的景观丰富度和效果进行分析和评价,探讨了成都市8个湿地公园中水生观赏植物的应用现状、生长发育情况,以及对水生生态系统的影响,分析在成都市湿地公园中种植水生观赏植物的利弊,并提出优化改进建议和构建水生植物生态型配置模式;结合成都市地域文化特色以及气候特点,形成一个水生观赏植物在成都市湿地公园中应用的理论体系,以期为植物景观设计实践提供模式参考,为后续成都市湿地系统的设计提供思路和方法;同时进一步完善成都市水生观赏植物应用理论,为拓展水生观赏植物的开发利用提供科学参考。

5.3 材料与方法

5.3.1 研究地概况

成都市位于四川中部,属于亚热带季风性湿润气候,热量和雨量充足,四季分明,雨热同期,秋雨和夜雨较多,风速小,湿度大,云雾多,日照少,气候宜人。成都市适宜的地理条件为天然湿地的形成和人工湿地的修葺提供了不可或缺的环境基础。本章选取了成都市具有代表性的8个湿地公园进行相关调查研究,概况见表5-1。

表 5-1 湿地公园概况

名称	所在地	面积	特色
锦城湖湿地公园	武侯区	2380.5亩	大面积草地、开阔湖面,打造缓坡、绿堤、草坪、休闲步道、五孔石桥、亲水平台等

续表

名称	所在地	面积	特色
水立方湿地公园	温江区	4700 亩	水循环大型芦苇沼泽湿地,园林设计简单而朴实、幽静
桤木河湿地公园	崇州市	5040 亩	规划水系、水网、水域,形成"湿地"资源和文化氛围,以"生态湿地,健康食地"为定位
两河森林公园	金牛区	6559.5 亩	运用绿(林)网和蓝(水)网网格技术,以乔木为主,乔、灌、草、花、藤相结合进行打造
白河公园	双流区	1800 亩	以河为轴线进行打造,拥有成片的花草绿地,空气清新扑鼻,景观自然、亲和、质朴、休闲
白鹭湾湿地公园	锦江区	3000 亩	属于人工湿地类型,众多景点遍布其中,鸟语花香,生机盎然,绿树成荫,波光粼粼
天鹅湖湿地公园	龙泉驿区	1366 亩	利用现有农田、塘堰、沟渠,连塘成湖、连花成片、连禾成景,突出景观自然之美、生态之美
青龙湖湿地公园	龙泉驿区	4700 亩	以展示明代蜀文化为主,以绿色生态为基调,以湖泊森林为主景,是成都市的"城市绿肺"

5.3.2 研究内容

对本章选取的成都市具有代表性的 8 个湿地公园进行水生观赏植物应用实地调查,充分了解成都市湿地公园水生观赏植物应用现状,并分析水生植物的环境交互作用。以选取的湿地公园作为调查对象,随机选取 50 个样地,量化评价指标,评价水生观赏植物的应用情况。

5.3.3 研究方法

(1)查阅《中国水生植物》《中国植物志》《四川植物志》《中国高等植物图鉴》《观赏树木学》等文献资料,再结合请教专家,对湿地调查拍摄的植物照片进行鉴定,确定植物科属及种名。

(2)采用典型取样法,在 8 个湿地公园选取 50 个大小为 20 m×20 m 的样地,以其为基准记录数据,以更好分析水生观赏植物的实际应用情况,同时完整记录样地的景观效果。

(3)将水生观赏植物在污染环境下表现的毒害症状作为评价景观配置效果的指标之一。

（4）使用 Excel、SPSS 等软件将数据定值化，对数据进行差异分析、多重比较，作为评价配置、生长以及维护情况的指标之一。

（5）运用定量研究方法，设置合理评价指标，制定评价等级，对所选样地进行评价分析。选取的 7 个指标为种类、水质、病虫害、长势、观赏度、科教程度、管理养护。

种类，即统计所选样地范围出现水生观赏植物的种类数量。一般情况下，选取种类越多，搭配方式更灵活，观赏效果更好。

水质，即水体质量好坏，标志着水体的物理、化学和生物特性及其组成情况。水生植物有较强的环境交互作用，对水质作用明显。

病虫害，即水生植物遭受病虫害的程度。

长势，即植物的生长状态，或植物生长发育的旺盛程度。长势越好，其生长量越大、越壮；长势越差，其生长量越小、越弱。

观赏度，即带给人的感官体验，是人通过视觉可以直接感受到的。观赏度越高，越能带给人愉悦的情感体验。

科教程度，即对植物科属种以及相关知识的介绍力度。

养护管理，水生植物一般种植于水体中或水岸边，对养护管理的要求更高；若没有良好的养护措施，将很难发挥自身价值。

对 7 个评价指标采用等级评价法，分为 A、B、C、D 4 个等级，分别代表好、较好、一般、差。

5.4　结果分析

5.4.1　成都市湿地公园水生观赏植物种类统计

据本章调查结果，成都市 8 个湿地公园应用的水生观赏植物共计 38 科 54 属 65 种，包括柏科、菖蒲科、车前科、莼菜科、灯芯草科、禾本科、姜科、金鱼藻科、桔梗科、菊科、兰科、莲科、蓼科等 38 科，其中禾本科有 8 种；包括落羽杉属、水杉属、菖蒲属、车前属、莼菜属、灯芯草属、稗亚属、菰属、芦苇属等 54 属，其中美人蕉属有 4 种，鸢尾属有 3 种。具体见表 5-2。

表 5−2　成都市 8 个湿地公园水生观赏植物种类

序号	种	科/属	拉丁学名	类型	花期	果期
1	池杉	柏科/落羽杉属	*Taxodium distichum* var. *imbricatum*	湿生	3 月	10—11 月
2	落羽杉	柏科/落羽杉属	*Taxodium distichum*	湿生	3 月	10 月
3	水杉	柏科/水杉属	*Metasequoia glyptostroboides*	湿生	4—5 月	10—11 月
4	菖蒲	菖蒲科/菖蒲属	*Acorus calamus*	挺水	6—9 月	6—9 月
5	车前草	车前科/车前属	*Plantago depressa*	湿生	5—7 月	7—9 月
6	莼菜	莼菜科/莼菜属	*Brasenia schreberi*	浮叶	6 月	10—11 月
7	灯芯草	灯芯草科/灯芯草属	*Juncus effusus*	湿生	6—7 月	7—10 月
8	稗草	禾本科/稗亚属	*Echinochloa crusgalli*	湿生	7—10 月	7—10 月
9	菰	禾本科/菰属	*Zizania latifolia*	挺水	9—11 月	9—11 月
10	毛芦苇	禾本科/芦苇属	*Phragmites hirsuta*	湿生	7—9 月	7—9 月
11	芦竹	禾本科/芦竹属	*Arundo donax*	湿生	9—12 月	9—12 月
12	薏苡	禾本科/薏苡属	*Coix lacryma-jobi*	湿生	6—12 月	6—12 月
13	芦苇	禾本科/芦苇属	*Phragmitesaustralis*	湿生	8—10 月	11 月
14	花叶芦竹	禾本科/芦竹属	*Arundo donax* var. *versicolor*	挺水	9—12 月	9—12 月
15	蒲苇	禾本科/蒲苇属	*Cortaderia selloana*	挺水	4 月	5 月
16	艳山姜	姜科/山姜属	*Alpinia zerumbet*	湿生	4—6 月	7—10 月
17	金鱼藻	金鱼藻科/金鱼藻属	*Ceratophyllum demersum*	沉水	6—7 月	8—10 月
18	半边莲	桔梗科/半边莲属	*Lobeliachinensis*	湿生	5—10 月	5—10 月
19	鬼针草	菊科/鬼针草属	*Bidens pilosa*	湿生	8—10 月	8—10 月
20	莎草兰	兰科/兰属	*Cymbidium elegans*	湿生	10—12 月	10—12 月
21	莲	莲科/莲属	*Nelumbo nucifera*	浮叶	6—8 月	8—10 月
22	水蓼	蓼科/蓼属	*Polygonum hydropiper*	挺水	5—9 月	6—10 月
23	酸模	蓼科/酸模属	*Rumex acetosa*	湿生	5—7 月	6—8 月
24	荇菜	龙胆科/荇菜属	*Nymphoides peltata*	浮叶	5—10 月	9—10 月
25	露兜树	露兜树科/露兜树属	*Pandanus tectorius*	湿生	1—5 月	7—10 月
26	水田白	马钱科/尖帽草属	*Mitrasacme pygmaea*	湿生	6—7 月	8—9 月

序号	种	科/属	拉丁学名	类型	花期	果期
27	水生美人蕉	美人蕉科/美人蕉属	*Canna generalis*	湿生	4—10月	4—10月
26	紫叶美人蕉	美人蕉科/美人蕉属	*Canna warscewiezii*	湿生	9—11月	9—11月
29	黄花美人蕉	美人蕉科/美人蕉属	*Canna indica* var. *flava*	湿生	3—12月	3—12月
30	金脉美人蕉	美人蕉科/美人蕉属	*Canna generalis*	湿生	3—10月	3—10月
31	木贼	木贼科/木贼属	*Equisetum hyemale*	湿生	—	—
32	苹	苹科/苹属	*Marsilea quadrifolia*	漂浮	—	—
33	千屈菜	千屈菜科/千屈菜属	*Lythrum salicaria* L	挺水	6—9月	6—9月
34	旱芹	伞形科/芹属	*Apium graveolens*	湿生	5月	6—7月
35	水芹	伞形科/水芹属	*Oenanthe javanica*	湿生	6—7月	8—9月
36	香菇草	伞形科/天胡荽属	*Hydrocotyle vulgaris*	挺水	6—8月	9—11月
37	荸荠	莎草科/荸荠属	*Eleocharis dulcis*	挺水	5—10月	5—10月
38	水葱	莎草科/水葱属	*Schoenoplectus tabernaemontani*	挺水	6—9月	6—9月
39	风车草	莎草科/莎草属	*Cyperusinvolucratus*	挺水	8—11月	8—11月
40	黑藻	水鳖科/黑藻属	*Hydrilla verticillata*	沉水	5—10月	5—10月
41	苦草	水鳖科/苦草属	*Vallisneria natans*	沉水	8—10月	10—12月
42	水鳖	水鳖科/水鳖属	*Hydrocharis dubia*	浮叶	8—10月	8—10月
43	荷花	睡莲科/莲属	*Lotus flower*	挺水	6—9月	8—10月
44	睡莲	睡莲科/睡莲属	*Nymphaea tetragona*	浮叶	6—8月	8—10月
45	萍蓬草	睡莲科/萍蓬草属	*Nuphar pumila*	浮叶	5—7月	7—9月
46	海芋	天南星科/海芋属	*Alocasia odora*	湿生	4—5月	6—7月
47	马蹄莲	天南星科/马蹄莲属	*Zantedeschia aethiopica*	挺水	2—3月	8—9月
48	春羽	天南星科/喜林芋属	*Philodendron selloum*	湿生	4—5月	7—10月
49	芋	天南星科/芋属	*Colocasia esculenta*	湿生	2—4月	9—10月
50	浮萍	天南星科/浮萍属	*Lemna minor*	漂浮	4—6月	5—7月

续表

序号	种	科/属	拉丁学名	类型	花期	果期
51	空心莲子草	苋科/莲子草属	*Alternanthera philoxeroides*	挺水	5—10 月	8—10 月
52	水烛	香蒲科/香蒲属	*Typha angustifolia*	挺水	6—9 月	6—9 月
53	香蒲	香蒲科/香蒲属	*Typha orientalis*	挺水	5—6 月	5—6 月
54	粉绿狐尾藻	小二仙草科/狐尾藻属	*Myriophyllum aquaticum*	沉水	4—9 月	10—11 月
55	狐尾藻	小二仙草科/水麻属	*Myriophyllum verticillatum*	沉水	8—9 月	9—10 月
56	水麻	荨麻科/水麻属	*Debregeasia orientalis*	湿生	7—10 月	11 月
57	聚花草	鸭跖草科/	*Floscopa scandens*	湿生	7—11 月	7—11 月
58	垂柳	杨柳科/柳属	*Salix babylonica*	湿生	3—4 月	4—5 月
59	凤眼莲	雨久花科/凤眼莲属	*Eichhornia crassipes*	漂浮	7—10 月	8—11 月
60	梭鱼草	雨久花科/梭鱼草属	*Pontederia cordata*	挺水	5—10 月	5—10 月
61	黄菖蒲	鸢尾科/鸢尾属	*Iris pseudacorus*	挺水	5—6 月	6—8 月
62	水生鸢尾	鸢尾科/鸢尾属	*Iris tectorum Maxim.*	湿生	4—5 月	6—8 月
63	光叶鸢尾	鸢尾科/鸢尾属	*Iris laevigata*	湿生	5—6 月	8—9 月
64	野慈姑	泽泻科/慈姑属	*Sagittaria trifolia*	挺水	5—10 月	10—11 月
65	再力花	竹芋科/水竹芋属	*Thalia dealbata*	挺水	4—10 月	10 月

　　表 5-2 对水生植物所属类型作了简要统计，从表 5-2 可以看出，湿生植物、挺水植物这两种类型应用最多，其中湿生植物有 32 种，占总种类的 49.2%，挺水植物有 19 种，占总种类的 29.2%，沉水植物、浮叶植物、漂浮植物种类较少，分别只有 5 种、6 种、3 种。这个统计结果和目前展现的造景效果是吻合的。湿生植物大多生活在河滩、溪边、水塘边、沼泽等湿地，利于自然景观的构建与养护及游客观赏；水中生长的挺水植物能更好地为水面景观增加立体感，加强景观的层次感。通常，设计师会在景观设计时选择观赏优势更为明显的挺水植物、湿生植物，但沉水植物、漂浮植物和浮叶植物能够弥补水面造景的空白，对水面的景观营造而言亦不可或缺。

　　表 5-3 列出了成都市 8 个湿地公园中应用的水生观赏植物的主要观赏部位。其中花、叶的观赏优势最为明显，观叶的植物达到了 44 种，占总种类的

67.7%；观花的植物有 36 种，占总种类的 55.4%；果、茎的观赏性略低，分别有 2 种、8 种。作为特性不同的植物，其叶、花、果、形等都存在差异，要合理搭配，从而获得更好的景观效果。例如，在锦城湖湿地公园中利用可观花、叶的荷花，可观花、叶、茎的芦苇，以观花叶的再力花进行混植，使整体景观丰富，观赏性更强。水立方湿地公园利用观花植物美人蕉，观茎、叶植物芦竹，观叶植物香菇草进行搭配造景，各植株高低不同，使景观富有层次感和空间感。

表 5-3　水生观赏植物主要观赏部位

种	观赏部位	种	观赏部位	种	观赏部位
池杉	叶	酸模	花	水生美人蕉	花
落羽杉	叶	荇菜	叶、花	紫叶美人蕉	花
水杉	叶	露兜树	叶、果	黄花美人蕉	花
菖蒲	花、叶	水田白	花	金脉美人蕉	花、叶
车前草	叶、花	海芋	叶	浮萍	叶
莼菜	叶	马蹄莲	花	空心莲子草	花、叶
灯芯草	茎、叶	春羽	叶	水烛	花
稗草	叶	芋	叶	香蒲	花
菰	叶	木贼	茎	粉绿狐尾藻	花、茎、叶
毛芦苇	叶、茎	苹	叶	狐尾藻	花、茎、叶
芦竹	叶、茎	千屈菜	花	水麻	叶
薏苡	叶、果	旱芹	叶	聚花草	花
再力花	花	水芹	叶	垂柳	叶
萍蓬草	花、叶	香菇草	叶、花	凤眼莲	花
蒲苇	花	荸荠	叶	梭鱼草	花
艳山姜	花、叶	水葱	花、形	黄菖蒲	花、叶
金鱼藻	叶	风车草	叶	水生鸢尾	花
半边莲	花	黑藻	花、叶	亮叶鸢尾	叶
鬼针草	叶、花	苦草	叶	野慈姑	叶

种	观赏部位	种	观赏部位	种	观赏部位
莎草兰	花	水鳖	叶	花叶芦竹	叶、茎
莲	花、叶	荷花	花、叶	芦苇	花、叶、茎
水蓼	花	睡莲	花、叶	—	—

通过拍摄照片和查阅相关文献资料，分析 36 种观花植物的观花特性。由表 5—4 可知，36 种观花植物的花色较多，白、黄、红是出现频率最高的颜色，此外还有紫、蓝等颜色。合理运用观花植物的花色特性，能够通过鲜艳的花色给游客带来强烈的视觉冲击感，提高景观的观赏性。例如，桤木河湿地公园使用粉红色的水生美人蕉、黄色的黄花美人蕉、紫色的再力花进行丛植式混种，色彩鲜明，整体景观突出，且各颜色搭配和谐，景观效果很好。天鹅湖湿地公园利用片植的白色荷花直接打造特色景观，整片水域铺满白色荷花和绿色荷叶，观赏效果十分怡人。

表 5—4　观花植物特性分析

种	花色	种	花色
芦苇	白	菖蒲	黄绿
蒲苇	白	酸模	黄绿
鬼针草	白	水生美人蕉	粉红
水蓼	白	水葱	黄
水田白	白	紫叶美人蕉	紫红
香菇草	白	水烛	棕褐
黑藻	白	香蒲	棕黄
荇菜	黄	聚花草	蓝紫
黄花美人蕉	黄	凤眼莲	蓝紫
萍蓬草	黄	再力花	紫、白
金脉美人蕉	红	水生鸢尾	紫、红
千屈菜	紫	梭鱼草	蓝、紫
粉绿狐尾藻	红	艳山姜	白、粉红
水生鸢尾	黄	半边莲	白、粉红

种	花色	种	花色
亮叶鸢尾	蓝	马蹄莲	白、黄、红
空心莲子草	白	荷花	红、粉红、白
莎草兰	橙黄	莲	白、蓝、黄、粉
车前草	黄褐	睡莲	白、蓝、黄、粉

5.4.2 成都市湿地公园水生观赏植物种类应用情况

成都市 8 个湿地公园中的水生观赏植物共计 65 种，对各湿地公园的水生观赏植物种类进行分析，能够得出各湿地公园在植物种类选择上的异同。由表 5-5 可知，白河公园应用的水生观赏植物有 21 种，白鹭湾湿地公园应用的水生观赏植物有 27 种，两河森林公园应用的水生观赏植物有 16 种，桤木河湿地公园应用的水生观赏植物有 34 种，锦城湖湿地公园应用的水生观赏植物有 29 种，水立方湿地公园应用的水生观赏植物有 32 种，青龙湖湿地公园应用的水生观赏植物有 28 种，天鹅湖湿地公园应用的水生观赏植物有 32 种，公园水生观赏植物应用种类普遍较少。相比之下，桤木河湿地公园、水立方湿地公园、天鹅湖湿地公园等应用的植物种类多一些，生物多样性相对丰富一些。

表 5-5　各湿地公园水生观赏植物应用种类

公园名称	运用植物种类
锦城湖湿地公园	水生美人蕉、水葱、风车草、荷花、睡莲、萍蓬草、苦草、芦苇、芦竹、花叶芦竹、黄花美人蕉、金脉美人蕉、光叶鸢尾、菖蒲、金鱼藻、蒲苇、再力花、梭鱼草、香菇草、千屈菜、莲、紫叶美人蕉、红花美人蕉、稗草、水生鸢尾、木贼、灯芯草、芋、春羽
水立方湿地公园	水生美人蕉、水葱、风车草、萍蓬草、黑藻、粉绿狐尾藻、芦苇、芦竹、花叶芦竹、黄花美人蕉、金脉美人蕉、光叶鸢尾、菖蒲、梭鱼草、水鳖、荇菜、香菇草、苹、千屈菜、池杉、紫叶美人蕉、红花美人蕉、水竹、稗草、香蒲、海芋、狐尾藻、菰、酸模、水生鸢尾、芋、野慈姑
桤木河湿地公园	水生美人蕉、水葱、风车草、萍蓬草、苦草、黑藻、芦苇、芦竹、花叶芦竹、黄花美人蕉、金脉美人蕉、光叶鸢尾、菖蒲、水烛、水蓼、水芹、金鱼藻、浮萍、蒲苇、垂柳、再力花、梭鱼草、香菇草、千屈菜、池杉、紫叶美人蕉、红花美人蕉、水竹、稗草、香蒲、水杉、水生鸢尾、旱芹

续表

公园名称	运用植物种类
两河森林公园	光叶鸢尾、空心莲子草、菖蒲、蒲苇、再力花、梭鱼草、苹、千屈菜、稗草、香蒲、菰、车前轴草、水生鸢尾、水竹、芦苇、水生美人蕉
白河公园	水生美人蕉、风车草、芦苇、黄花美人蕉、金脉美人蕉、光叶鸢尾、菖蒲、空心莲子草、金鱼藻、蒲苇、垂柳、再力花、梭鱼草、紫叶美人蕉、红花美人蕉、狐尾藻、酸模、水生鸢尾、千屈菜、鬼针、凤眼莲
白鹭湾湿地公园	水生美人蕉、风车草、睡莲、萍蓬草、马蹄莲、芦苇、光叶鸢尾、菖蒲、垂柳、再力花、梭鱼草、香菇草、池杉、酸模、水生鸢尾、荸荠、薏苡、鬼针草、木贼、芋、蒲苇、空心莲子草、香蒲、水蓼、稗、水杉、荷花
天鹅湖湿地公园	水生美人蕉、风车草、荷花、睡莲、萍蓬草、黑藻、粉绿狐尾藻、芦苇、光叶鸢尾、菖蒲、空心莲子草、金鱼藻、蒲苇、垂柳、再力花、梭鱼草、千屈菜、莲、紫叶美人蕉、红花美人蕉、稗草、香蒲、狐尾藻、菰、车前草、酸模、水生鸢尾、薏苡、鬼针草、木贼、灯芯草、旱芹
青龙湖湿地公园	水生美人蕉、风车草、荷花、睡莲、萍蓬草、苦草、粉绿狐尾藻、芦苇、黄花美人蕉、金脉美人蕉、光叶鸢尾、菖蒲、浮萍、蒲苇、再力花、梭鱼草、香菇草、紫叶美人蕉、红花美人蕉、稗草、香蒲、水杉、狐尾藻、野慈姑、薏苡、鬼针草、芋、凤眼莲

5.4.3　成都市湿地公园水生观赏植物配置分析

为了更好地掌握成都市湿地公园水生观赏植物的造景模式，在 8 个湿地公园中随机选取 50 个大小为 20 m×20 m 的样地（见图 5-1 至图 5-8），分别对其上的植物配置做记录，分析整体配置情况。

1. 锦城湖湿地公园

锦城湖湿地公园选用了 29 种水生观赏植物，分析选取的 7 个样地上的植物配置情况，总体而言观赏价值较高。在植物种类方面，选取了多种植物进行片植、间植；在空间造景方面，使用了荷花、水生美人蕉、再力花、芦苇等，丰富度较高。主配置植物为花色鲜明的观花植物，搭配绿色草本植物，色彩和谐。样地 1 便是采用观花植物荷花进行片植，并搭配芦苇、菖蒲、萍蓬草等观叶植物。纵观选取的 7 个样地，浅滩较少，在调查期间缺乏定期养护，导致生长力强的空心莲子草、凤眼莲等植物长势旺盛，一定程度上影响了原本植物造景的呈现效果。

（a）1号样地：荷花+水生美人蕉+
再力花+芦苇+菖蒲+萍蓬草

（b）2号样地：空心莲子草片植

（c）3号样地：红花檵木+迎春花+风车
草+芦竹+蒲苇+水葱+千屈菜+红叶石
楠+紫娇花+柳树+三角梅+杜鹃

（d）3号样地：红花檵木+迎春花+风车
草+芦竹+蒲苇+水葱+千屈菜+红叶石
楠+紫娇花+柳树+三角梅+杜鹃

（e）4号样地：水生美人蕉+再力花+
红花美人蕉+水葱+蒲苇+风车草+
冬青卫矛+紫叶美人蕉+蔷薇+春羽

（f）5号样地：水葱+蜈蚣草+水竹+
千屈菜+红叶石楠+红枫柳树+水生美
人蕉+李氏禾

图5-1 锦城湖湿地公园样地

（g）6 号样地：再力花＋红花美人蕉＋　　　　（h）7 号样地：凤眼莲＋稗草
水葱＋蒲苇＋风车草＋红枫＋柳树＋水生
美人蕉＋李氏禾

图 5－1（续）

2. 水立方湿地公园

水立方湿地公园选用了 32 种水生观赏植物，分析选取的 7 个样地上的植物配置情况，总体给人绿意盎然之感。在植物配置方面，选取了多种中型植株的绿叶植物进行片植、混植，如再力花、美人蕉、香蒲、水葱、水生鸢尾、蓬萍草、菖蒲等都是叶可观且叶为绿色的植物，能够带给人葱郁之感。在整体搭配方面，公园利用美人蕉、再力花等花色鲜明的观花植物进行搭配，从色彩上丰富了观景效果。在浅水水域，公园利用已有的浅滩进行差异搭配，如 4 号样地在水域中间种植水生美人蕉，在水域周围配植紫色芦苇，在水域的下层配植蓬萍草这类矮小植株，使远景营造更为和谐。在公园部分深水水域配置直接没水种植的植株，如沉水植物狐尾藻，弥补了水面造景的空白。公园在浅水区域放置警示牌，提示游客注意安全，作用明显。公园整体情况良好，但在调查期间公园部分水域水体不够清澈。

（a）1号样地：再力花＋迎春花＋鸢尾＋
细叶美女樱＋黄金菊＋蜡梅＋海芋＋露兜
树＋白车轴草＋旋花＋红枫

（b）1号样地：再力花＋迎春花＋鸢尾＋
细叶美女樱＋黄金菊＋蜡梅＋海芋＋露兜
树＋白车轴草＋旋花＋红枫

（c）2号样地：菰＋水生美人蕉＋千屈菜＋
花叶芦竹＋香菇草＋柳树＋白车轴草

（d）3号样地：香蒲＋水生美人蕉＋粉绿狐
尾草＋水葱＋萍蓬草＋野慈姑＋接骨草＋竹

（e）4号样地：水生美人蕉＋粉绿狐尾藻＋
紫色芦苇＋百日菊＋蓬萍草＋紫薇＋向阳木

（f）5号样地：千屈菜＋狐尾藻＋水生美人
蕉＋芦竹＋水葱＋马蹄莲＋空心莲子草

图5－2　水立方湿地公园样地

（g）6 号样地：墨西哥落羽杉＋波斯菊＋　　　（h）7 号样地：空心莲子草＋茈＋再力花＋
百日菊＋水葱＋菖蒲＋狗尾草＋黑心　　　　　水生美人蕉＋萍蓬草＋水葱＋光叶鸢尾
金光菊＋稗子

图 5-2（续）

3. 桤木河湿地公园

桤木河湿地公园选用了 33 种水生植物，种类较多。分析选取的 7 个样地上的植物配置情况，大多为中型植株的挺水植物、湿生植物，如美人蕉、再力花、芦苇、鸢尾、风车草、芦苇等。在搭配方式方面，多为片植、群植，如 2 号样地利用再力花、水生美人蕉、黄花美人蕉、稗草、光叶鸢尾等混植，5 号样地利用光叶鸢尾、黄花美人蕉、金脉美人蕉、芦苇等长叶群植，这样的景观虽然植物种类多但却不显杂乱，在植株繁茂之际观赏价值很高，能够传递满满的生机感。整体搭配方面，利用观花植物的观花特性进行造景，颜色鲜明、观赏价值高。水面上的造景还有待提高，如 4 号样地和 7 号样地，在水面宽阔的地方没有搭配其他植物，仅有漂浮植物浮萍。而浮萍的繁殖能力强，大量生长会遮盖水面，破坏水中的生态平衡，导致整个水面景观效果差。此外，过多繁殖的浮萍容易影响水体水质。

（a）1 号样地：黄花美人蕉＋再力花＋　　　　（b）2 号样地：再力花＋水生美人蕉＋
蒲苇＋水生美人蕉＋竹＋空心莲子草＋　　　　黄花美人蕉＋稗草＋粉绿狐尾藻＋光叶
天人菊＋梭鱼草＋肾蕨＋木芙蓉　　　　　　　鸢尾＋芦苇＋空心莲子草

图 5-3　桤木河湿地公园样地

(c) 3 号样地：粉绿狐尾藻＋水芹＋黄花美人蕉＋水麻＋风车草＋芦苇＋火棘＋苦草＋黑藻＋红叶李＋木芙蓉＋构树

(d) 4 号样地：草＋浮萍＋粉绿狐尾藻＋水生美人蕉＋风车草＋再力花＋马蹄莲＋空心莲子草＋黄花美人蕉＋柳

(e) 5 号样地：光叶鸢尾＋粉绿狐尾藻＋浮萍＋金鱼藻＋黄花美人蕉＋芦苇＋空心莲子草＋柳＋金脉美人蕉＋合欢＋麦冬

(f) 6 号样地：迎春花＋风车草＋水芹＋空心莲子草＋金丝梅＋粉绿狐尾藻＋水麻＋蜘蛛抱蛋＋柳＋光叶鸢尾＋水杉＋金鱼藻＋接骨草＋稗草

(g) 7 号样地：再力花＋浮萍＋水藻＋风车草＋狗尾草＋稗草＋苍耳＋接骨草＋光叶鸢尾

(h) 7 号样地：再力花＋浮萍＋水藻＋风车草＋狗尾草＋稗草＋苍耳＋接骨草＋光叶鸢尾

图 5-3（续）

4. 两河森林公园

两河森林公园选用了 16 种水生观赏植物，种类较少。分析选取的 6 个样地上的植物配置情况，在搭配方面，采用 1～2 种主配置植物进行片植。例如，5 号样地利用鸢尾和千屈菜进行片植，加上清澈的水体给人清朗的感觉，但在水面较为宽阔的区域也采用这样搭配会显得公园造景模式单一，色彩不够丰富。1 号样地主要利用再力花、梭鱼草、光叶鸢尾在一些区域进行片植，近景观赏性比较强，但由于水域面积较广，远景会略显单调。在调查期间，公园正处于景观管护期，整体环境比较干净怡人。

（a）1 号样地：再力花＋光叶鸢尾＋
梭鱼草＋空心莲子草

（b）2 号样地：西府海棠＋柳树＋光叶
鸢尾＋梭鱼草＋葎草

（c）3 号样地：稗草＋菖蒲＋大花马齿苋

（d）4 号样地：菖蒲＋芦苇＋白车轴＋
再力花＋蜈蚣草＋蓝花鼠尾草

图 5—4 两河森林公园样地

（e）5号样地：千屈菜＋空心莲子草＋　　（f）6号样地：再力花＋菖蒲＋空心莲子草＋
　　　　光叶鸢尾＋柳树　　　　　　　　　　　　海桐＋杜鹃＋樱花＋柳树

图5-4（续）

5. 白河公园

白河公园共选用了21种水生观赏植物。分析选取的5个样地上的植物配置情况，在景观搭配方面能够适宜地结合环境选择植物种类，整体氛围营造得比较和谐。5号样地就是公园贴靠水岸的水生植物造景，利用水岸已有环境条件进行植物搭配，再结合岸边已有的假山石，使得岸边造景与水面造景相得益彰，景观连贯性更强。2号样地是在水域环境中央打造人工浮岛，在浮岛上种植多种植物，层次性更强，丰富了公园景观。此外，公园比较注重水缘区域造景，3号样地、4号样地的沿岸都种植了美人蕉来丰富水域景观。

对比之下，单独的水域环境往往采用几种漂浮水生植物进行搭配，如1号样地种植有凤眼莲、狐尾藻、空心莲子草三种漂浮植物，由于植株之间相互影响，形成不了成片的效果，导致景观效果欠佳。

（a）1号样地：凤眼莲＋狐尾藻＋空心　　　（b）2号样地：风车草＋美人蕉＋柳树＋
　　　　莲子草　　　　　　　　　　　　　　　空心莲子草＋牛筋草

图5-5　白河公园样地

（c）3 号样地：美人蕉＋莎草＋鬼针＋　　　（d）3 号样地：美人蕉＋莎草＋鬼针＋
　　　空心莲子草　　　　　　　　　　　　　　　　空心莲子草

（e）4 号样地：再力花＋千屈草＋菖蒲＋　　　（f）5 号样地：喜树＋构树＋旱柳
　　　空心莲子草＋黄菖蒲＋美人蕉

图 5-5（续）

6．白鹭湾湿地公园

　　白鹭湾湿地公园选用了 27 种水生观赏植物。分析选取的 6 个样地上的植物配置情况，1 号样地运用梭鱼草、再力花、水蓼、空心莲子草、香菇草、鸢尾等进行造景，划分区域进行单种植物片植、再混种，这样显得有秩序，不杂乱。2 号样地是公园打造的人工浮岛，利用挺水植物荷花进行底层造景，在中上层搭配水杉、千里光、海芋等，不论远观还是近赏，都具有极强的层次感。总体而言，公园采用不同植物进行混植、片植，并设计了形状，使展现的景观效果错落有致，更富有层次。但在调查期间，部分区域混种的植物由于长势过旺且没有进行及时修剪，破坏了原本的植物配置效果。

（a）1号样地：梭鱼草＋再力花＋水蓼＋　（b）2号样地：荷花＋水杉＋千里光＋海芋
　　　空心莲子草＋香菇草＋鸢尾

（c）3号样地：香蒲＋再力花＋稗＋　　　（d）4号样地：再力花＋风车草＋香菇草
　　　狗牙根

（e）5号样地：香蒲＋再力花＋风车草　　　（f）6号样地：菖蒲＋水蓼＋车轴草

图5-6　白鹭湾湿地公园样地

7. 天鹅湖湿地公园

天鹅湖湿地公园选用了 32 种水生观赏植物，种类较多。分析选取的 6 个样地上的植物配置情况，2 号样地利用水域优势，打造人工浮岛，以植株较高的竹、植株矮小的小蓬草及漂浮植物睡莲配植，增强了水域的立体空间感。3 号样地在水域中运用水生植物荷花进行片植，由于荷花的花、叶都具有观赏性，尽管只有这一种植物，呈现的景观效果也很不错。1 号样地利用美人蕉、芦苇、香蒲、荷花等多种植物进行混植，使造景具有层次，观赏效果更佳。5 号样地运用湿生植物美人蕉和沉水植物狐尾藻进行主配置，水面与水体都有植物，景观效果更为饱满。公园整体除了注重水域边缘造景，也注重对水面和水中心景观的塑造。

（a）1 号样地：美人蕉＋芦苇＋香蒲＋　　　　（b）2 号样地：竹＋睡莲＋小蓬草
　　　　构树＋荷花

（c）3 号样地：荷花片植　　　　　　（d）4 号样地：香蒲＋风车草＋睡莲＋
　　　　　　　　　　　　　　　　　　　　　　构树

图 5—7　天鹅湖湿地公园样地

（e）5 号样地：香蒲＋美人蕉＋狐尾藻　　（f）6 号样地：香蒲＋构树＋睡莲＋
小蓬草＋风车草＋竹

图 5－7（续）

8. 青龙湖湿地公园

青龙湖湿地公园选用了 28 种水生观赏植物。分析选取的 6 个样地上的植物配置情况，4 号样地种植了挺水的木本植物水杉，可以直接填补水面的空白。2 号样地的人工浮岛种植了千里光、矮慈姑、芋、芭蕉等，并在水域种植了苦草、狐尾藻等沉水植物，从水域底部到水面上的景观效果都较好。1 号样地、5 号样地、6 号样地主要运用了几种水生植物进行配植，观赏价值都较高。总体来说，公园造景选用的植物种类较丰富、搭配方式多样，景观丰富度较高。在调查期间，凤眼莲长势过旺，如 3 号样地整个水面满是凤眼莲，建议加强养护管理。

（a）1 号样地：莲子草＋芦苇　　　　（b）2 号样地：狐尾藻＋千里光＋
水杉＋矮慈姑＋芋＋苦草＋芭蕉

图 5－8　青龙湖湿地公园样地

（c）3 号样地：长势旺盛的凤眼莲

（d）4 号样地：芦苇+空心莲子草+
水杉+美人蕉

（e）5 号样地：芦苇+浮萍+香蒲+
金棒草+鸢尾+石榴

（f）6 号样地：荷花片植+蒲苇

图 5-8（续）

5.4.4　成都市湿地公园水生观赏植物样地等级评价

1. 锦城湖湿地公园

锦城湖湿地公园样地等级评价结果见表 5-6。

表 5-6　锦城湖湿地公园样地等级评价结果

样地	种类	水质	病虫害	长势	观赏度	科教程度	管理养护
1 号样地	B	A	A	A	A	C	B
2 号样地	C	B	B	C	D	C	D
3 号样地	A	A	A	A	A	C	B
4 号样地	B	B	A	B	A	C	C

续表

样地	种类	水质	病虫害	长势	观赏度	科教程度	管理养护
5号样地	A	B	A	B	B	C	C
6号样地	B	B	A	B	B	C	C
7号样地	C	C	B	C	C	C	C

种类：指标频度为 2A、3B、2C，单个样地配置种类数量最高达 10 种，种类运用丰富。

水质：指标频度为 2A、4B、1C，样地总体水质较好，水体比较清澈，只有一个样地出现较差的情况。

病虫害：指标频度为 5A、2B，样地中的水生植物植株基本没有遭受到虫害。

长势：指标频度为 2A、3B、2C，样地中大多数水生植物的长势都较好。

观赏度：指标频度为 3A、2B、1C、1D，样地的观赏价值总体较好，只有一个样地因空心莲子草疯长导致观赏度较低。

科教程度：指标频度为 7C，样地科教工作有待加强。

管理养护：指标频度为 2B、4C、1D，公园面积大，大多区域的管理养护工作做得都不错，只在水域面积宽广的地方存在管理不足的情况。

2. 水立方湿地公园

水立方湿地公园样地等级评价结果见表 5-7。

表 5-7　水立方湿地公园样地等级评价结果

样地	种类	水质	病虫害	长势	观赏度	科教程度	管理养护
1号样地	A	A	A	A	A	B	B
2号样地	B	B	A	B	A	B	B
3号样地	B	C	A	B	B	B	C
4号样地	B	B	A	B	B	B	B
5号样地	B	B	A	B	B	C	C
6号样地	A	B	A	B	C	C	C
7号样地	B	C	A	A	B	B	B

种类：指标频度为 2A、5B，选取样地上应用的植物种类都比较丰富，每个样地基本都有 5 种及以上植物。

水质：指标频度为 1A、4B、2C，除了 3 号样地和 7 号样地，其余样地的水质都较好，水体比较清澈、干净。

病虫害：指标频度为 7A，样地中的水生植物基本未受虫害。

长势：指标频度为 3A、4B，样地中的水生植物都达到了良好的生长状态，能够呈现植株观赏的正常状态。

观赏度：指标频度为 2A、4B、1C，样地的观赏度总体较高，能够做到多种植物之间互补、和谐搭配。

科教程度：指标频度为 5B、2C，样地科教方面工作做得较好，在水域部分还设置了警示牌。

管理养护：指标频度为 3B、4C，样地的管理养护程度中等，部分区域的管理养护工作还有待加强。

3. 桤木河湿地公园

桤木河湿地公园样地等级评价结果见表 5—8。

表 5—8　桤木河湿地公园样地等级评价结果

样地	种类	水质	病虫害	长势	观赏度	科教程度	管理养护
1 号样地	B	A	A	C	B	C	C
2 号样地	A	B	A	A	A	B	C
3 号样地	B	B	A	B	A	B	B
4 号样地	B	C	A	B	C	C	B
5 号样地	C	A	A	B	B	C	C
6 号样地	B	B	A	B	A	C	C
7 号样地	B	D	B	C	C	C	C

种类：指标频度为 1A、5B、1C，样地上应用的植物种类比较丰富，多个样地上配置的植物种类超过 10 种。

水质：指标频度为 2A、3B、1C、1D，有两个样地由于浮萍较多，影响了水质，其余样地的水质情况较好。

病虫害：指标频度为 6A、1B，样地上的水生植物基本没有受到虫害。

长势：指标频度为 2A、3B、2C，样地上的植物生长情况良好。

观赏度：指标频度为 2A、3B、2C，样地的观赏度总体较高，只是 4 号样地、7 号样地由于浮萍覆盖整个水面降低了观赏度。

科教程度：指标频度为 2B、5C，有部分样地给一些植物挂了牌，但还不够普及。

管理养护：指标频度为 2B、5C，样地的管理养护工作做得还不够，有待加强。

4. 两河森林公园

两河森林公园样地等级评价结果见表 5-9。

表 5-9　两河森林公园样地等级评价结果

样地	种类	水质	病虫害	长势	观赏度	科教程度	管理养护
1 号样地	C	B	B	B	B	C	B
2 号样地	B	A	A	C	B	C	C
3 号样地	C	A	A	B	B	C	B
4 号样地	C	B	A	B	B	C	B
5 号样地	B	A	A	A	B	C	A
6 号样地	A	C	A	B	B	C	C

种类：指标频度为 1A、2B、3C，样地上应用的植物种类较多，部分样地种类数量较少，只有三四种。

水质：指标频度为 3A、2B、1C，除一个样地水质较差外，其余样地水质都较好。

虫害：指标频度为 5A、1B，样地上的水生植株生长良好，基本没有受虫害的情况。

长势：指标频度为 1A、4B、1C，样地上的水生植物长势基本达到正常状态。

观赏度：指标频度为 6B，样地上配置的植物呈现的观赏效果都较好，能够为游人提供良好的观景体验。

科教程度：指标频度为 6C，样地的科教工作有待加强。

管理养护：指标频度为 1A、3B、2C，样地的管理养护工作做得较好，公园的边缘区域有待加强。

5．白河公园

白河公园样地等级评价结果见表 5－10。

表 5－10　白河公园样地等级评价结果

样地	种类	水质	病虫害	长势	观赏度	科教程度	管理养护
1 号样地	C	C	C	C	C	C	C
2 号样地	B	B	A	B	A	B	B
3 号样地	B	A	A	A	A	B	B
4 号样地	B	B	A	B	A	B	B
5 号样地	B	A	A	B	B	B	C

种类：指标频度为 4B、1C，样地上的植物种类还不够丰富，部分样地只有几种植物搭配。

水质：指标频度为 2A、2B、1C，样地水域环境水质情况整体较好。

病虫害：指标频度为 4A、1C，样地上的水生植物基本没有遭受虫害，植株生长良好。

长势：指标频度为 1A、3B、1C，样地上的水生植物长势良好，植株基本都处于正常生长状态。

观赏度：指标频度为 3A、1B、1C，搭配比较合理，样地的植物配置、观赏度都比较高。

科教程度：指标频度为 4B、1C，样地的科教工作有待加强。

管理养护：指标频度为 3B、2C，样地的管理养护工作有待加强。

6．白鹭湾湿地公园

白鹭湾湿地公园样地等级评价结果见表 5－11。

表 5－11　白鹭湾湿地公园样地等级评价结果

所属样地	种类	水质	病虫害	长势	观赏度	科教程度	管理养护
1 号样地	B	A	A	A	A	B	B
2 号样地	A	A	A	A	A	B	A
3 号样地	B	A	A	B	B	C	B
4 号样地	C	A	A	B	B	C	B
5 号样地	B	B	B	B	B	B	C
6 号样地	C	B	B	B	C	C	C

种类：指标频度为 1A、3B、2C，样地上的植物种类较丰富，普遍有 5～10 种。

水质：指标频度为 4A、2B，样地水域环境整体较为干净。

病虫害：指标频度为 4A、2B，除极少数样地植物有被病虫害侵蚀的痕迹，总体上遭受虫害较少。

长势：指标频度为 2A、4B，样地上植株长势良好，生长正常。

观赏度：指标频度为 2A、3B、1C，样地植物景观的观赏价值总体较好，具有一定的层次感。

科教程度：指标频度为 3B、3C，样地上设置有介绍植物的标示牌，但未与具体植物的生长区域相对应。

管理养护：指标频度为 1A、3B、2C，不同区域样地的管理养护工作差异比较明显，但总体情况较好。

7. 天鹅湖湿地公园

天鹅湖湿地公园样地等级评价结果见表 5-12。

表 5-12　天鹅湖湿地公园样地等级评价结果

样地	种类	水质	病虫害	长势	观赏度	科教程度	管理养护
1 号样地	A	A	A	A	A	C	B
2 号样地	C	B	A	A	C	C	C
3 号样地	C	A	A	A	A	B	B
4 号样地	C	B	B	B	B	C	C
5 号样地	B	B	A	A	B	C	B
6 号样地	B	C	B	B	C	C	C

种类：指标频度为 1A、2B、3C，样地上的植物种类较多，丰富度足够。

水质：指标频度为 2A、3B、1C，有 2 个样地存在水体浑浊的情况，其余样地水质状况较好。

病虫害：指标频度为 4A、2B，样地中的水生植物基本没有遭受虫害，水生植物生存环境良好。

长势：指标频度为 4A、2B，样地上大多数水生植物都处于良好生长状态。

观赏度：指标频度为 2A、2B、2C，样地上植物的观赏价值总体较好，各样地之间的植物搭配相似度低。

科教程度：指标频度为 1B、5C，样地的科教工作有待加强。

管理养护：指标频度为 3B、3C，样地的管理养护工作有待加强。

8. 青龙湖湿地公园

青龙湖湿地公园样地等级评价结果见表 5－13。

表 5－13　青龙湖湿地公园样地等级评价结果

样地	种类	水质	病虫害	长势	观赏度	科教程度	管理养护
1 号样地	B	A	B	A	B	C	B
2 号样地	A	A	B	B	B	C	B
3 号样地	B	A	A	C	A	C	C
4 号样地	B	A	B	C	C	C	B
5 号样地	C	C	C	C	C	C	C
6 号样地	C	B	B	B	A	C	C

种类：指标频度为 1A、3B、2C，样地上应用的植物种类比较可观，但还是有部分样地植物应用种类较少，只有三四种。

水质：指标频度为 4A、1B、1C，只有 1 个样地出现水质较差的情况，其他样地水域环境水质情况良好。

病虫害：指标频度为 1A、4B、1C，样地上水生植物生存环境良好，未遭受虫类侵害。

长势：指标频度为 1A、3B、2C，样地上水生植物基本达到预期生长状态，只有极少部分与预期生长状态差距甚大。

观赏度：指标频度为 2A、2B、2C，样地上植物的观赏价值总体可以，植物的搭配也比较协调，其中 5 号样地观赏性略低。

科教程度：指标频度为 6C，样地的科教工作有待加强。

管理养护：指标频度为 3B、3C，部分样地的管理养护工作有待加强。

5.5 优化建议

5.5.1 增加运用种类，提高景观丰富度

已有资料显示，我国水生植物资源丰富，达 700 多种，本章调查发现，8 个湿地公园运用种类仅 65 种，各个公园运用的植物种类为二三十种。建议在公园造景中适当增加种类，提高物种丰富度。此外，在景观打造之初可结合地域特征，选择不同种类的植物，拉伸景观的空间感层次。如在水域周边配置挺水湿生植物，利用漂浮植物在水面进行造景，增加景观丰度。综合考虑各植物的花期和果期，让公园不仅在春夏季花开时有景可观，在秋冬季也有应时的风景可看。此外，还可以结合植物的观叶、观花等特性，合理搭配种类。

5.5.2 找准文化定位，打造公园特色

各湿地公园的主题不同，所呈现的景观效果也不同，但是就随机抽取的样地植物配置情况来看，重合度较高。建议公园在进行景观营造时充分结合自身实际与需要，利用水生观赏植物的特性，打造符合自身定位、彰显自身特色的景观。同时，公园景观要注意体现文化内涵。例如，青龙湖湿地公园以展示明代蜀文化为主，在植物景观的营造上可结合已有人文文化建筑做搭配。此外，在景点的命名上也可以结合明代蜀文化。天鹅湖湿地公园可利用现有农田、塘堰、沟渠，突出景观自然之美、生态之美。

5.5.3 加大管护力度，发挥公园科教价值

公园景观在打造完成之初往往都具有很强的观赏性，但是随着时间的流逝，景观效果会有所下降。因此建议公园管理人员做好管理养护工作，保持景观长久的观赏性。水生观赏植物较陆生植物而言，受环境影响更大，因此需要制定定期管护制度。另外，公园水域往往离游客较近，不少水域水较深，应在周围安装防护栏并设置警示牌。在湿地公园的景观营造中水生观赏植物占据了不小的比例，在条件允许的情况下，公园可以对部分观赏效果突出的植株进行挂牌。在浅水区域，可以将挂牌直接固定在水域范围，而深水区域，可以在陆地上设置植物简介，同时利用新媒体手段，附上简介二维码，让游客及时了解相关植物知识。

5.6　结论

湿地作为城市绿化不可或缺的部分，在城市生态建设中有着举足轻重的作用。其中，水生观赏植物的绿化作用凸显。目前，水生观赏植物已经广泛应用于城市绿化，合理平衡配置不同种类的水生观赏植物，可以使水域景观更优美、独特。本章通过对成都市 8 个湿地公园进行实地调查，获得了以下结论：

（1）湿地公园所运用的水生观赏植物共有 38 科 54 属 65 种，其中湿生植物有 32 种，挺水植物有 19 种，浮叶植物有 6 种，沉水植物有 5 种，漂浮植物有 3 种。

（2）公园运用的水生观赏植物绝大多数观赏性较高，主要的观赏部位是花、叶。统计结果显示，观花植物有 61 种，观果植物有 51 种，此外，不少植物的叶、茎也具有一定观赏性。观花植物中，花色以白、黄、红、紫、蓝居多。

（3）公园采用自然式造景法，植物配置主要手法有片植、间植、丛植、混植、列植等，相对比较单调和保守，与环境的结合不够充分。未来可结合植物造景着重打造具有特色、文化内涵的自然人文景观。

（4）在管理养护方面，建议加强力度，以保证公园植物景观的观赏性和持续性。

（5）建议加强科教工作力度，让人们更好地了解湿地和湿地植物，增强生态保护意识。

参考文献

柴勇，孟广涛，武力. 高黎贡山自然保护区国家重点保护植物的组成特征及其资源保护 [J]. 西部林业科学，2007，36（4）：57−63.

陈克林. 湿地公园建设管理问题的探讨 [J]. 湿地科学，2005（4）：298−301.

陈明东，朱海峰，谢扬，等. 邛海湿地植物对污染物去除作用研究 [J]. 西昌学院学报（自然科学版），2011，25（2）：34−37.

陈文德，余海清，杨平，等. 乡土与外地引入植物在成都市公园建设中的应用分析 [J]. 四川林勘设计，2010（4）：8−14.

陈耀东，马欣堂，杜玉芬，等. 中国水生植物 [M]. 郑州：河南科学技术出版社，2012.

陈植. 观赏树木学 [M]. 北京：中国林业出版社，1981.

成玉宁，张祎，张亚伟，等. 湿地公园设计 [M]. 北京：中国建筑工业出版社，2012.

崔丽娟，王义飞，张曼胤，等. 国家湿地公园建设规范探讨 [J]. 林业资源管理，2009（2）：17−20，27.

崔丽娟，张骁栋，张曼胤. 中国湿地保护与管理的任务与展望——对《湿地保护修复制度方案》的解读 [J]. 环境保护，2017，45（4）：13−17.

崔维，乔长江. 对城市湿地公园规划建设的思考 [J]. 河南林业科技，2010，30（4）：64−66，70.

达良俊，方和俊，李艳艳. 上海中心城区绿地植物群落多样性诊断和协调性评价 [J]. 中国园林，2008（3）：87−90.

但新球，但维宇，余本锋. 湿地公园规划设计 [M]. 北京：中国林业出版社，2014.

但新球，吴后建. 湿地公园建设理论与实践 [M]. 北京：中国林业出版社，2009.

邓坦，王鹏基，邓照东. 河南湿地保护与可持续利用问题和对策 [J]. 安徽农业科学，2020，48（4）：76－77，80.

付阳. 海珠国家湿地公园水生植物调查及配置评价［D］. 广州：仲恺农业工程学院，2016.

高家华. 水生植物在园林中的应用现状［J］. 现代园艺，2017（12）：137－138.

高士武，邵妍，张曼胤，等. 北京市湿地公园建设与管理研究［J］. 湿地科学，2010，8（4）：389－394.

高梓洋. 基于水资源保护湿地公园规划设计——以山西太岳沁河源国家湿地公园为例［J］. 森林工程，2014，30（4）：61－65.

耿秀婷，黄成林，张华莲. 宣城市国家重点保护野生植物的分布特征［J］. 安徽农业大学学报，2017，44（2）：265－271.

谷亚楠. 四川蒲江县水污染的微生物——景观水生植物治理技术研究［D］. 西安：西北大学，2016.

国家林业局《湿地公约》履约办公室. 湿地公约履约指南［M］. 北京：中国林业出版社，2001.

郝晟，王春连，林浩文. 城市湿地公园生物多样性设计与评估——以六盘水明湖国家湿地公园为例［J］. 生态学报，2019，39（16）：5967－5977.

何雨珂. 城市湿地植物景观研究［D］. 成都：西南交通大学，2013.

黄成才，杨芳. 湿地公园规划设计的探讨［J］. 中南林业调查规划，2004（3）：26－29.

惠俊爱，陈家杨，刘键红，等. 广州地区水生植物资源调查及其绿化应用［J］. 广东农业科学，2013（21）：167－170.

降初，顾海军，彭培好，等. 中国湿地资源·四川卷［M］. 北京：中国林业出版社，2015.

金云峰，杨玉鹏，蒋祎. 国外湿地公园保护与管理研究综述［J］. 中国城市林业，2015，13（6）：1－5，22.

乐莺. 上海市环城绿带乡土草本物种多样性及城市绿化应用潜力［J］. 华东师范大学学报（自然科学版），2016（4）：169－176.

李冬林，王磊，丁晶晶，等. 水生植物的生态功能和资源应用［J］. 湿地科学，2011，9（3）：290－296.

李国平，林盛，张剑，等. 武夷山市入侵植物的调查与分析［J］. 热带作物学报，2014，35（4）：794－800.

李海涛，黄渝. 四川邛海湖湿地鸟类种群多样性及邛海湖生态评价 [J]. 基因组学与应用生物学，2009，28（4）：720-724.

李江，胡雪娇，石佳，等. 湿地研究现状及保护管理 [J]. 生物学通报，2015，50（12）：1-5.

李禄康. 湿地与湿地公约 [J]. 世界林业研究，2001（1）：1-7.

李尚志，杨常安，管秀兰，等. 水生植物与水体造景 [M]. 上海：上海科学技术出版社，2007.

李尚志. 水生植物造景艺术 [M]. 北京：中国林业出版社，2000.

李淑梅. 不同水生植物净水能力及其凋落物本身降解对景观水影响 [J]. 现代园艺，2018（4）：169.

李桐. 基于水鸟栖息地保护的珠江三角洲湿地公园设计研究 [D]. 广州：华南理工大学，2017.

李艳琼，林莉，许建辉，等. 玉溪四湖区及部分湿地高等水生植物调查与现状分析 [J]. 北方园艺，2013（13）：91-96.

李玉凤，刘红玉，张华兵，等. 基于结构和水环境的城市湿地景观健康研究——以西溪湿地公园为例 [J]. 自然资源学报，2015，30（5）：761-771.

李振宇，解焱. 中国外来入侵种 [M]. 北京：中国林业出版社，2002.

廖富林，杨期和，胡玉佳. 广东梅州国家重点保护野生植物研究 [J]. 林业科学，2005（4）：100-105.

刘海琴，邱园园，闻学政，等. 4种水生植物深度净化村镇生活污水厂尾水效果研究 [J]. 中国生态农业学报，2018，26（4）：616-626.

刘丽霞，冯国锋. 水生植物景观的营造 [J]. 北方园艺，2008（7）：188-190.

刘晓雨. 基于生态服务功能理念下的湿地景观优化设计研究 [D]. 昆明：云南艺术学院，2022.

刘宇翔，熊金银，黄璨. 邛海湿地旅游资源的保护性开发研究 [J]. 安徽农业科学，2014，42（34）：12160-12161.

柳烨，夏宜平. 水生植物造景 [J]. 中国园林，2003（3）：59-62.

卢娟. 邛海湖泊滨水景观分析 [D]. 成都：四川农业大学，2011.

陆庆轩. 关于乡土植物定义的辨析 [J]. 中国城市林业，2016，14（4）：12-14.

吕宪国. 湿地生态系统保护与管理 [M]. 北京：化学工业出版社，2004.

吕咏，陈克林. 国内外湿地保护与利用案例分析及其对镜湖国家湿地公园生态旅游的启示 [J]. 湿地科学，2006 (4)：268−273.

骆林川. 城市湿地公园建设的研究 [D]. 大连：大连理工大学，2009.

马金双，李惠茹. 中国外来入侵植物名录 [M]. 北京：高等教育出版社，2018.

邱宇，何超，匡其羽. 六盘水明湖国家湿地公园水生植物配置现状及建议 [J]. 现代园艺，2018 (3)：151−153.

任颖，何萍，侯利萍. 海河流域河流滨岸带入侵植物等级与分布特征 [J]. 环境科学研究，2015，28 (9)：1430−1438.

寿海洋，闫小玲，叶康，等. 江苏省外来入侵植物的研究 [J]. 植物分类与资源学报，2014，36 (6)：793−807.

四川植物志编辑委员会，四川植物志 [M]. 成都：四川人民出版社，1981.

宋爽，田大方，毛靓. 国家湿地公园社会功能评价指标体系构建及应用——以白渔泡国家湿地公园为例 [J]. 湿地科学，2019，17 (2)：237−243.

唐明坤，毛颖娟，刘可倚，等. 川西北高原区湿地植物区系特征及湿地群落调查初报 [J]. 四川林业科技，2018，39 (2)：71−78.

田祥宇，陈文红，杨世雄，等. 滇东南和滇西北国家重点保护野生维管植物比较分析 [J]. 植物分类与资源学报，2015，37 (2)：113−128.

汪辉，欧阳秋. 中国湿地公园研究进展及实践现状 [J]. 中国园林，2013，29 (12)：112−116.

汪建文. 城市河流湿地公园景观生态规划整体性及各要素的研究 [J]. 贵州科学，2013，31 (4)：81−84.

汪诗德. 池州市水系贯通工程水生植物调查与应用 [J]. 现代林业科技，2011 (1)：244−248.

王东. 青藏高原水生植物地理研究 [D]. 武汉：武汉大学，2003.

王浩，汪辉，王胜永，等. 城市湿地公园规划 [M]. 南京：东南大学出版社，2008.

王俊. 城市园林绿地植物群落评价指标体系的构建 [J]. 中国园艺文摘，2016，32 (3)：66−70，96.

王俊杰，孟少童，张继强. 乡土树种概念及其简易判定 [J]. 甘肃林业科技，2014，39 (3)：79−81.

王汝苗. 湿地公园环境教育内容体系构建研究 [D]. 北京：中国林业科学研究院，2018.

王苏铭，张楠，于琳倩，等. 北京地区外来入侵植物分布特征及其影响因素 [J]. 生态学报，2012，32 (15)：4618-4629.

王堂尧，景志明. 邛海湿地流域生物多样性评价 [J]. 西昌学院学报（自然科学版），2013，27 (4)：22-25.

王雪芬，李志炎. 杭州西湖风景区水生植物资源调查分析 [J]. 中国观赏园艺研究进展，2012：34-40.

王逸群. 我国湿地公园建设现状及其发展趋势分析 [J]. 陕西林业科技，2013 (6)：105-108.

王忠，董仕勇，罗燕燕，等. 广州外来入侵植物 [J]. 热带亚热带植物学报，2008，16 (1)：29-38.

吴后建，但新球，黄琰，等. 2003—2014 年中国湿地公园研究状况的文献计量学分析 [J]. 湿地科学，2016，14 (3)：382-390.

吴后建，但新球，舒勇，等. 中国国家湿地公园：现状、挑战和对策 [J]. 湿地科学，2015，13 (3)：306-314.

吴后建，但新球，王隆富，等. 2001—2008 年我国湿地公园研究的文献学分析 [J]. 湿地科学与管理，2009，55 (4)：40-43.

吴后建，黄琰，但新球，等. 国家湿地公园建设成效评价指标体系及其应用——以湖南千龙湖国家湿地公园为例 [J]. 湿地科学，2014，12 (5)：638-645.

吴良镛. 吴良镛论人居环境科学 [M]. 北京：清华大学出版社，2010.

吴云荣，杜娟. 水生植物在成都市活水公园中的应用研究 [J]. 北方园艺，2010 (10)：117-120.

吴征镒. 中国种子植物属的分布区类型 [J]. 植物资源与环境学报，1991（增刊Ⅳ）：1-139.

徐海根，强胜，韩正敏，等. 中国外来入侵物种的分布与传入途径分析 [J]. 生物多样性，2002，12 (6)：626-638.

徐海根，王健民，强胜，等. 外来物种入侵·生物安全·遗传资源 [M]. 北京：科学出版社，2004.

徐丽婷，阳文静，吴燕平，等. 基于植被完整性指数的鄱阳湖湿地生态健康评

价 [J]. 生态学报, 2017, 37 (15): 5102−5110.

闫永庆, 袁晓婷, 于程, 等. 黑龙江省蒲鸭河湿地植物调查与研究 [J]. 2003 (17): 160−163.

杨红, 郑璐, 马金华. 四川邛海湖湿地水生维管植物的现状调查 [J]. 基因组学与应用生物学, 2009, 28 (5): 946−950.

杨红, 郑璐, 孙国双. 邛海湿地树木资源调查与分析 [J]. 西昌学院学报 (自然科学版), 2009, 23 (4): 12−25.

杨红. 邛海湿地外来入侵物种现状调查及对邛海湿地的影响 [J]. 绵阳师范学院学报, 2009, 28 (11): 58−62.

杨军, 李国祥, 张红实, 等. 浅析邛海国家湿地公园保护与建设模式 [J]. 四川林勘设计, 2014 (2): 51−54.

杨觅. 我国湿地公园建设发展限制因素与对策 [J]. 林业资源管理, 2015 (3): 44−46.

杨皖乔, 郑世群, 刘梦昕, 等. 晋江灵源山外来入侵植物调查分析与管理对策的探讨 [J]. 林业资源管理, 2017, 10 (5): 86−92.

叶锋, 张明时, 滕明德, 等. 羊昌河流域水生植物调查 [J]. 贵州师范大学学报 (自然科学版), 2010, 28 (1): 53−56.

张峰. 山西湿地生态环境退化特征及恢复对策 [J]. 水土保持学报, 2004 (1): 151−153, 188.

张光琴, 张莹, 郭伟红, 等. 徐州市水生植物的调查与应用 [J]. 江苏农业科学, 2013, 41 (12): 200−202, 260.

张佳期, 周守标, 高香琴, 等. 石首麋鹿国家级自然保护区外来入侵植物种的分析 [J]. 杂草学报, 2017, 35 (1): 36−41.

张杰. 鄱阳湖南矶山湿地自然保护区的外来入侵植物调查与分析 [J]. 热带亚热带植物学报, 2015, 23 (4): 419−427.

张晋瑜. 成都市中心城区城市湿地公园规划设计研究 [D]. 成都: 西南交通大学, 2017.

张庆辉, 赵捷, 朱晋, 等. 中国城市湿地公园研究现状 [J]. 湿地科学, 2013, 11 (1): 129−135.

张殷波, 苑虎, 喻梅. 国家重点保护野生植物受威胁等级的评估 [J]. 生物多样性, 2011, 19 (1): 57−62.

张玉钧，刘国强. 湿地公园规划方法与案例分析［M］. 北京：中国建筑工业出版社，2013.

张志法，刘小君，毛旭锋，等. 基于5年截面健康数据的青海湟水国家湿地公园湿地恢复评价［J］. 林业资源管理，2019（2）：30−38，53.

赵思毅，侍菲菲. 湿地概念与湿地公园设计［M］. 南京：东南大学出版社，2006.

中国科学院，中国植物志编辑委员会. 中国植物志［M］. 北京：科学出版社，2004.

中国科学院植物研究所. 中国高等植物图鉴［M］. 北京：科学出版社，1983.

朱颖，林静雅，赵越，等. 太湖国家湿地公园生态恢复成效评估研究［J］. 浙江农业学报，2017，29（12）：2109−2119.

ARCHIBOLD B K, MARC S H. The distribution of organochlorine pesticides in sediments from iSimangaliso Wetland Park：ecological risks and implications for conservation in a biodiversity hotspot［J］. Environmental Pollution，2017，229：715−723.

CHEN D Q, LIU X Z, CHEN Y Q, et al. Removal of nitrogen and phosphorus in lightly polluted urban landscape river by aquatic ornamental plant［J］. Advanced Materials Research，2013，610：1943−1949.

COLE C A. The assessmnent of herbaceous plant coverin wetlands as an indicator of function［J］. Ecological Indicators，2002，2（3）：287−293.

CUI M, ZHOU J X, Huang B. Beneft evaluation of wetlands resource with different modes of protection and utilization in the Dongting Lake region［J］. Procedia environmental sciences，2012，13：2−17.

HAYASHI M, QUINTON W L, PIETRONIRO A, et al. Hydrologic functions of wetlands in a discontinuous permafrost basin indicated by isotopic and chemical signatures［J］. Journal of Hydrology，2004，296（1−4）：81−97.

HERNANDEZ-STEFANONI J L. The role of landscape patterns of habitat types on plant species diversity of a tropical forest in Mexico［J］. Biodiversity & Conservation，2006，15（4）：1441−1457.

JANOUSEK C N, FOLGER C L. Variation in tidal weltland plant diversity and composition within and among coastal estuaries: assessing the relative importance of environmental gradients [J]. Journal of Vegetation Science, 2014, 25 (2): 534—545.

JAUNATRE R, BUISSON E, MULLER I, et, al. New sytheie indicators to assess: community reilience and restoration sucess [J]. Ecological indicators, 2013, 29: 468—477.

JOHN D M, BLOOMFIELD J A, SUTHERLAND J W, et al., The aquatic macrophyte community of Onondaga Lake: field survey and plant growth bioassays of lake sediments [J]. Lake and Reservoir Management, 1996, 12 (1): 73—79.

KATHLEEN A S, QUN X, CARL P J Mitchell. Methylmercury in water, sediment, and invertebrates in created wetlands of Rouge Park, Toronto, Canada [J]. Environmental Pollution, 2012, 171: 207—215.

LAFABRIE C, MAJOR K M, MAJOR C S, et al. Arsenic and mercury bioaccumulation in the aquatic plant, Vallisneria neotropicalis [J]. Chemosphere, 2010, 82 (10): 1393—1400.

LIQUETE C, ZULIAN G, DELGADO I, et al. Assessment of coastal protection as an ecosystem service in Europe [J]. Ecological Indicators, 2013, 30: 205—217.

LIU Q Y. Wetlands of the world I: Inventory, ecology and management [M]. Berlin: Springer Science & Business Media, 2013.

POTT A, OLIVEIRA A K M, DAMASCENO-JUNIOR G A, et al. Plant diversity of the Pantanal wetland [J]. Brazilian Journal of Biology, 2011, 71 (1): 265—273.

RUSSELL K N, BEAUCHAMP V B. Plant species diversity in restored and created Delmarva Bay wetlands [J]. Wetlands, 2017, 37 (6): 1119—1133.

SEABLOOM E W, VALK A G. Plant diversity, composition, and invasion of restored and natural prairie pothole wetlands: implications for restoration [J]. Wetlands, 2003, 23 (1): 1—12.